新文京開發出版股份有限公司

NEW
WCDP

新世紀‧新視野‧新文京 — 精選教科書‧考試用書‧專業參考書

New Wun Ching Developmental Publishing Co., Ltd.

New Age · New Choice · The Best Selected Educational Publications — NEW WCDP

FINANCIAL STATEMENT
ANALYSIS

財務報表
分析

第5版 Fifth Edition

曹淑琳・編著

五版序

　　筆者根據過去多年之教學經驗，一直希望編撰一本適合學生，能很快抓住財報分析之重點及技巧之教科書，除了要能消化課文外，亦能加以運用，並能在學習過程當中，不會感覺太繁瑣，因此有本書之產生。關於本書：

1. 教材內容：適合財報分析之基本重要概念皆已包含。

2. 適用對象：適合已有初級會計學基礎或想認識及學好財報分析之學生。

3. 習題作業：包含歷屆相關證照考試之試題，除了有正確之基本觀念，再加上勤做練習題，相信會大大提升財報分析之程度，教師們也可於課堂中帶領學生解題，以增進其理解程度。

　　本書除了延續第四版，以淺顯易懂的方式，引導讀者學習財務報表分析，也修正了前版一小部分以期內容更為精確，並增加新的財報分析案例。另外為因應時事對於財務分析的重要性與關聯性，補充了許多相關的案例與準則，更整理了許多有關財務分析的歷屆考題，以期讀者能更加活化與應用財務報表分析。

　　筆者才疏學淺，錯誤之處在所難免，煩請各位讀者及先進長輩，不吝賜教，不勝感激。

編著者 謹識

ABOUT THE AUTHOR

編著者簡介

曹淑琳

現職

文藻外語大學
國際企業管理系
副教授兼系主任

學歷

英國瑞丁大學
國際金融與財務管理學碩士
MA in International Business
and Finance, University of
Reading, UK

經歷

文藻外語大學國際企業管理系副教授
文藻外語大學國際企業管理系助理教授
文藻外語大學國際企業管理系講師
輔仁大學經濟系講師
黎明技術學院工商管理系講師
華僑商業銀行中山分行辦事員
華僑商業銀行總行會計室辦事員

CONTENTS

目錄

FINANCIAL STATEMENT ANALYSIS

導　論

第一節	財報分析的意義

　　財務報表分析為對企業活動之結果做診斷，因為面對瞬息萬變的環境，企業應隨時掌握其財務資訊，分析的對象是企業的財務報表，管理報表其相關之產業變化，從經營成果找出利潤來源與去路，從資金來源找出資金來源與去路，從財務狀況了解財務之經營體質，而分析的人員有很多類，分析的目的也不一樣，所以所謂的財務報表分析，係指使用人從財務報表中，分析整理出有用的資訊，以評估企業目前的績效，並從財務分析之結果，發掘問題之所在，據此推斷發生問題之原因，進而進行企業之改革，例如調整經營策略或管理措施，改善營運，以維持企業長期競爭之優勢，據此以預測未來的財務狀況及經營成果，以幫助決策的過程。

　　一般財務分析之流程如下：

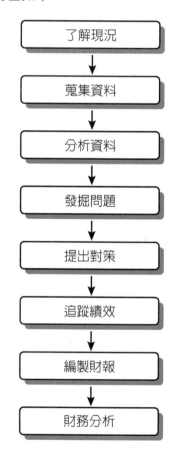

了解現況
↓
蒐集資料
↓
分析資料
↓
發掘問題
↓
提出對策
↓
追蹤績效
↓
編製財報
↓
財務分析

第二節　財報分析的目的

　　財務報表之一般性目的有下列三項：1.了解企業經營績效的好壞。2.知悉企業目前的財務狀況。3.預測企業未來的發展趨勢。而財務報表分析的主要目的，乃協助使用者作決策之用，而不同的使用者，使用財務報表的目的皆不相同，例如：

一、企業外部使用者

1. 投資人－一般而言，其所關心的問題有

(1) 企業過去的營業績效如何？未來會如何發展？

(2) 企業未來的純益會增加，持平或下降？變化幅度如何？

(3) 企業目前的財務狀況如何？

(4) 企業的資本結構如何？

(5) 上述各項與其他同業之優劣比較如何？有越來越好或每況愈下的趨勢？

2. 債權人－可分為短期債權人與長期債權人

(1) 短期債權人－關心短期債權之保障與借款利息之獲得，所以財報分析重點，在於短期債權能力之判斷，與企業流動資產及流動負債關係之變化。

(2) 長期債權人－關心長期債權之保障，亦即企業長期還本付息之能力，所以財報分析之重點在於企業獲利能力之強弱，及資本結構是否健全。

　　其他例如，經營管理顧問師，金融機構及證券分析師。

　　一般外部使用者進行財務分析所需之資料如下：

1. 企業基本資料與公司章程：以高科技產業為例，專業行銷、主要市場經營管理、技術研發與來源、技術資訊與人才、技術核心與技術面之主要問題、智權狀況、產業發展等等。

2. 財務與會計制度。

3. 內部控制制度。

4. 近三年會計師之查核報告（見附註一及附註二）。

5. 銷售資料與同業變化。

6. 採購、生產、品質等資料。

7. 稅務報表。

8. 企業之經營風險。

9. 過去五年財務資訊。

10. 過去三年經營成果之分析。

11. 現金流量及經營成果之分析。

12. 資本來源之分析。

13. 研發能力及專利權。

14. 已發行之股權及債權。

15. 重大會計政策及假設。

16. 關係人之交易。

17. 經營者對未來之展望。

18. 重大交易之揭露與會計處理。

19. 所處之產業環境與相關之法令。

20. 企業最近之發展。

21. 其他相關之資訊。

二、 企業內部使用者

即企業內部管理人員，綜合而言，舉凡外部使用者所重視的，企業內部管理者皆應等同重視之，所以分析重點包含財務狀況、經營成果、獲利能力、償債能力、資本結構、資本流量、成長能力；所以就企業本身而言，財報分析的重點，最主要的目的有三項：

1. 診斷財務體質是否健全

　　企業透過財務分析可以與上期比、與預算比、與同業比，作同一基礎比較，才能判斷其優劣及本身的財務體質健全與否。

2. 藉以改善財務體質

　　若透過財務分析，發現有需改進的地方，才能據此對症下藥，例如，流動比率小於 1，可用什麼方法控制財務比率？改善的方法：可用辦理現金增資，借長還短，或處分閒置資產等方法，所以需透過個別的財務診斷，才能做正確判斷。

3. 幫助企業開源節流

　　由財務報表可以了解業績變化的情形，例如成本過高，是材料費用過高？還是人工成本過高？如果是材料費用過高，可進一步了解是採購成本？耗用成本？或是庫存成本過高？若是人工成本過高，可進一步了解、分析是人事費用？薪資結構？公器私用等問題，進而有效達到節流的目的。

　　所以，綜而言之，企業之財務報表分析之主要目的整理如下：

1. 偵測內外環境之變化。

2. 找出經營管理之問題。

3. 分析經營結果之根源。

4. 檢討經營策略之方向。

5. 健全企業組織之運作。

6. 提高長期財務之利潤。

7. 確保企業目標之達成。

8. 防範企業危機之發生。

　　若未做好財務分析，以臺灣常見的中小企業，整理其常見的財務問題如下表一及表二：

📂 表一　中小企業常見之財務問題

範疇	問題	缺失
會計制度	會計程序錯誤	· 未建立財務、稅務、管理會計正確作業程序，報表數字不實，未能掌握資訊，因而無法發現問題加以糾正。
	沒有正確利潤管理觀念	· 企業主管過於注重營業額，未嚴格控制成本，產生浪費，未建立「預算管理」制度。 · 部門之間對成本分配意見產生衝突。 · 員工未積極創造利潤（無「責任中心」觀念）。
內部控制	員工監守自盜	· 未建立監督程序，員工有挪用公款之便。
	員工疏失怠職	· 當稽核鬆散，容易發生到期應收帳款未收、存貨數量與帳面不符、假公濟私等狀況。
稅務管理	逃漏稅	· 不以合法管道節稅，而用漏開發票、購買假發票、人頭假報薪資、財務報表作假等方法逃漏稅；被查獲加以處罰，造成形象及財務虧損。
	不識節稅方法	· 不了解相關之稅務規定，因而喪失節稅機會，降低利潤。
資本預算	投資錯誤	· 未衡量本身資金及專業能力，急於投入高獲利行業、從事轉投資、追求多角化。 · 未謹慎評估即從事海外投資。
	無成本概念	· 對貨幣時間價值及資金成本之觀念模糊。
營運資金	現金管理	· 資金不足以因應營業上之需要。
	應收帳款	· 未對客戶作持續性之徵信調查，沒有帳齡分析，致使帳款無法回收，產生呆帳。
	存貨管理	· 以生產為導向，無存貨成本觀念。
	未因應需求	· 業務成長未調整所需資金，導致週轉不靈。
融資管理	銀行關係不佳	· 銀行往來過多，未選定主力銀行，以致短期融資發生困難。
	不識融資管道	· 借貸無門時向民間貸款，飲鴆止渴。
	資本使用不當	· 當短期融資資金使用於中長期資產。

📂 表二　臺灣中小企業失敗主因

失敗原因	比率	附註
1. 負債過鉅，財務調度失敗	40.29%	財務融資及營運資金問題
2. 生產管理不當	20.53%	生產品質及數量控制問題
3. 訂貨、銷貨減少	13.30%	產品品質及行銷問題
4. 受第三人（含客戶）拖累	6.39%	授信問題
5. 擴張過速、投資過多	2.93%	資本預算及營運資金問題
6. 負責人發生事故	2.28%	意外風險
7. 天災人禍	0.65%	意外風險
8. 股東不合，有人事糾紛	0.46%	組織人事問題
9. 其他原因	13.17%	―

第三節　財報分析的步驟

在了解財務分析的意義與目的之後，應來了解分析的步驟。包含下列幾項：

1. 制定分析的目標。

2. 選擇適當的分析方法。

3. 蒐集各項與分析決策攸關之資訊。

4. 整理各項資訊予以適當評估。

5. 研究分析結果，俾作為決策執行之依據。

綜合以上所述，財務報表分析是針對企業之財務報表，蒐集相關且重要之資訊，採用適當之分析方法，以了解企業經營績效之好壞，而給予適當之評估，再者，可以知悉企業目前之財務狀況，對其各項之資產，負債及業主權益有適度之了解，最後可以預測企業未來之趨勢，並給予管理者解決問題之依據。

〔附註一〕

一般會計師的查核報告，可以分為五種：

1. **無保留意見**(unqualified option)**或允當表達**：是指企業處於正常狀況時，此時股價無影響。

2. **修正式無保留意見**(unqualified with explanatory option)：是指當會計師對受查者之繼續經營存有疑慮或想要強調某一重大事項時。

3. **保留意見**(qualified option)：是指財務報表大部分有按照會計準則編製，但是有少部分未遵守，或是對財務報表某些項目或數字有疑慮，這些項目包含：

(1) 財務報表未依前後一致的基礎編製。

(2) 財務報表未作適當的揭露。

(3) 會計師查帳時範圍受限，以致無法完全蒐證，及無法判斷會計科目的數字是否有欠表達。

(4) 公司面臨重大未確定事件或期後事件，面對財務報表的影響無法確定。

4. **否定意見**(adverse option)：是指公司編製的財務報表沒有按照會計準則編製，且情節重大者。

5. **無法表示意見**(disclaimer of option)：是指當會計師查核範圍受限制，可獲得之證據嚴重不足，且情節重大，不知是否按會計準則編製，若是出具保留意見，仍有不足者。

〔附註二〕

　　附上××公司之會計師簽證報告參考。

會計師查核（核閱）報告

本資料由（上市公司）××公司提供

「該公司毋需出具個別財務報告」

日期	民國	1×2	年	第	4		季
事務所名稱	××聯合會計師事務所			簽證會計師	×××		×××
查核日期	1×3/03/27			查核類型		無保留意見	

會計師查核報告

臺灣××股份有限公司　公鑒：

　　臺灣××股份有限公司及子公司民國 1×2 年 12 月 31 日、民國 1×1 年 12 月 31 日及 1 月 1 日之合併資產負債表，暨民國 1×2 年及 1×1 年 1 月 1 日至 12 月 31 日之合併綜合損益表、合併權益變動表與合併現金流量表，業經本會計師查核竣事。上開合併財務報表之編製係管理階層之責任，本會計師之責任則為根據查核結果對上開合併財務報表表示意見。

　　本會計師係依照會計師查核簽證財務報表規則及一般公認審計準則規劃並執行查核工作，以合理確信合併財務報表有無重大不實表達。此項查核工作包括以抽查方式獲取合併財務報表所列金額及所揭露事項之查核證據、評估管理階層編製合併財務報表所採用之會計原則及所作重大會計估計，暨評估合併財務報表整體之表達。本會計師相信此項查核工作可對所表示之意見提供合理之依據。

　　依本會計師之意見，第一段所述合併財務報表在所有重大方面係依照證券發行人財務報告編製準則、經金融監督管理委員會認可之國際財務報導準則、國際會計準則、解釋及解釋公告編製，足以允當表達臺灣××股份有限公司及子公司民國 1×2 年 12 月 31 日、民國 1×1 年 12 月 31 日及 1 月 1 日之合併財務狀況，暨民國 1×2 年及 1×1 年 1 月 1 日至 12 月 31 日之合併財務績效及合併現金流量。

　　臺灣××股份有限公司業已編製民國 1×2 及 1×1 年度之個體財務報告，並經本會計師出具無保留意見之查核報告在案，備供參考。

××會計師事務所

會計師　×××
行政院金融監督管理委員會核准文號
金管證審字第 1020025513 號

會計師　×××
財政部證券暨期貨管理委員會核准文號
台財證六字第 0920123784 號

中　華　民　國　一　X　三　年　三　月　二　十　七　日

REVIEW ACTIVITIES

習題

一、問答題

1. 何謂財務報表分析？

2. 財務報表分析的一般性目的為何？

3. 財務報表分析之步驟包括哪些？

二、選擇題

(　) 1. 下列何者並非企業內部分析者？ 　 (A)總經理 　 (B)工會員工 　 (C)廠長 　 (D)財務長。

(　) 2. 下列何者並非分析財務報表的一般性目的？ 　 (A)評估企業經營績效的好壞 　 (B)衡量目前的財務狀況 　 (C)預測未來發展趨勢 　 (D)準備訴訟談判。

(　) 3. 財務報表分析的第一步為何？ 　 (A)進行共同比財務報表分析 　 (B)制定分析的目標 　 (C)了解公司的股權結構 　 (D)了解公司所處的行業區別。

(　) 4. 下列哪些團體有可能要看公司的財務報表？ 　 (A)股東及債權人 　 (B)員工 　 (C)學術界 　 (D)以上皆是。

(　) 5. 在分析財務報表時，債權人的最終目的為： 　 (A)了解企業未來的獲利能力 　 (B)了解企業的資本結構 　 (C)了解債務人是否有能力償還本息 　 (D)了解企業過去的財務狀況。

(　) 6. 下列何者是財務報表分析者的應有修養？ 　 (A)了解各個產業 　 (B)熟悉各項財務會計處理流程 　 (C)熟知各項分析工具 　 (D)以上皆是。

(　) 7. 對傳統財務報表的敘述，下列何者有誤？ 　 (A)對非數據的事實無法提供表達 　 (B)表達相同幣值的資料 　 (C)受個人判斷及估計的影響 　 (D)表達階段性的資料。

(　　)　8. 企業提供財務報表資訊所付出的成本，不包括以下哪個項目？ (A)搜集資料的成本　(B)會計師查核的成本　(C)因競爭者獲得資訊而使企業喪失的競爭優勢　(D)企業的管理部門使用其財務報表資訊作各項分析研究所消耗資源。

(　　)　9. 下列何者是公司定期之財務資訊來源？ (A)公開説明書　(B)法人説明會　(C)開立發票金額　(D)分析師預測。

(　　)10. 企業財務報表中的「會計師查核報告」，主要的意義為： (A)由會計師證明財務報表內容正確無誤　(B)由會計師針對「財務報表是否允當表達」一事表示意見　(C)會計師對企業財務狀況進行分析，並提供改進的建議　(D)選項(A)、(B)、(C)皆正確。

(　　)11. 財務報表之資料可應用於下列哪些決策上？ (A)信用分析，授信　(B)合併之分析　(C)財務危機預測　(D)以上皆是。

(　　)12. 會計師對財報出具否定意見之上市公司會受何種處分？ (A)不處分　(B)全額交割　(C)下市　(D)停止交易。

(　　)13. 會計師查核報告的意見種類不包括： (A)無保留意見　(B)保留意見　(C)同意意見　(D)無法表示意見。

(　　)14. 企業財務報表中的「會計師查核報告」，主要的意義為： (A)由會計師證明財務報表內容正確無誤　(B)由會計師針對「財務報表是否允當表達」一事表示意見　(C)會計師對企業財務狀況進行分析，並提供改進的建議　(D)會計師申明查帳立場與態度。

FINANCIAL STATEMENT
ANALYSIS

CHAPTER

02

認識財務報表
與財務報表之種類

第一節　資產負債表

一、 意義

　　資產負債表(balance sheet)根據國際財務報導準則 IFRS(International Financial Reporting Standard)，又叫財務狀況表(statement of financial position)，是表達企業在某一特定日期的資產、負債與股東權益的狀況，英文叫做"balance"，有平衡或餘額的涵意，所以資產負債表內，左邊的資產，會等於右邊的負債加上股東權益，此方程式是在西元 1494 年由義大利數學家 Luca Pacioli 提出，達文西受到 Luca Pacioli 之影響，提倡將複雜的經濟行為及企業競爭之結果，換為以 money 為表達單位的數字，此即為財務報表，所以 Luca Pacioli 亦為會計學之父。

　　而"balance"亦有餘額涵意，因為四大報表中，只有資產負債表顯示特定時點的餘額，其餘都是顯示一段期間內的變化，所以資產負債表又叫財務狀況表，是四大報表唯一之靜態報表。

二、 財務狀況表的編排邏輯及各組成項目之由來

1. 財務狀況表的資產項目分為五大類

　　分別是流動資產(current assets)、長期投資(long-term investments)、固定資產(fixed assets)、無形資產(intangible assets)及其他資產(other assets)，按照國際財務報導準則 IFRS 的排列方式，是以固定性大小來排列，也就是固定性越大的放越前面，例如土地就在最前面，現金排列方式在最後。本書還是以流動性大小來分析之。依流動性的高低排列，流動性高的在上方，流動性低的在下方。所謂流動性是指資產轉換成現金的時間，若從市場重視的程度來排列，也幾乎是由上而下，而前三項又特別重要。

(1) 流動資產

　　包含現金、金融資產、應收帳款與票據、存貨、預付費用、其他流動資產。

　　前四項很重要，是財務分析的重點，也是公司為美化財務狀況最會動手腳的項目。

A. 現金(cash)

　流動性最強，最被受重視，它的帳面價值就是市值，而一般所謂的現金，包含庫存現金、零用金、銀行存款、即期支票與約當現金等等，所謂約當現金(cash equivalent)，通常是指到期日在三個月以內之有價證券，變現力幾乎等於現金，所以一般而言，資產負債表中的現金，應具備下列三項特性：

　a. 貨幣性

　　可視為交易的媒介，價值衡量的尺度，並能作為記帳的單位，換言之，貨幣乃是評估各項物品價值的共同單位，並可用來購買各項物品，因此，凡不能充為支付之工具者，均非現金。

　b. 適用性

　　可在當地自由流通，且能充當無限法償之本位貨幣，所謂無限法償是指，用於支付購買之價款，任何人均不得拒絕，例如外幣，不能在本國自由流通且不具無限法償之特性，不能列為現金。

　c. 可自由運用

　　凡已指定用途，或受法律上或契約上之限制，而不能自由運用者，均不能列為現金，因為若指定用途即喪失流動性，不再具有現金的性質。

B. 金融資產(financial assets)

　a. 交易目的之金融資產(financial assets held for trading)

　　企業（一般常指證券商、基金公司等專業投資公司）短期內可隨時在公開市場上經常買賣股票、債券等，以賺取價差為主要目的。

　b. 備供出售之金融資產(available-for-sale financial assets)

　　企業（專業投資公司以外）取得之股票、債券等，其不屬於「經常交易」或「持有至到期日」之目的，則認為備供出售之金融資產。

　c. 持有至到期日之金融資產(held-to-maturity financial assets)

　　企業持有公債或公司債等具有固定到期日，並能定期收取利息，且企業願意並有能力持有至到期日，並將於一年內到期之金融資產，通常我們將此資產列入流動資產，股票因為沒有到

期日，所以排除在外，若該項資產於一年以後到期，則不列入流動資產，改列於基金及長期投資。

這些金融資產，大多以公平價值法（例如市價）為評價基準，依公平價值之漲跌來調整帳上金額，如果公平價值大於帳面價值，則承認上漲利益；反之，則承認損失，不若過去採穩健原則，只承認損失，不承認利益，可顯示金融資產之優劣，對短期債權人較有意義。

C. 應收帳款與票據(accounts receivable and notes receivable)

因為賒銷而產生的債權所取得尚未到期之票據，但企業總會面對帳款收不回的風險，所以會預估發生壞帳的機率，就會出現「備抵壞帳」，來扣抵應收帳款與票據。一般而言，提列壞帳的方法有下列三種：

a. 銷貨收入百分比法(percentage of sales)

是以當年度之賒銷或銷貨為基礎，來估計應承認的壞帳費用，此方法乃強調銷貨收入與壞帳費用之配合，因此又稱為損益表法(income statement approach)，由於此法重視收益與費用的配合，因而不需考慮調整前之備抵壞帳餘額。

※ 以當期賒銷金額為基礎：賒銷金額×壞帳率＝當期應提列之壞帳金額
※ 以當其銷貨收入為基礎：銷貨收入×壞帳率＝當期應提列之壞帳金額

b. 應收帳款餘額百分比法(percentage of outstanding receivable)

是按照過去應收帳款餘額與該餘額實際發生壞帳之關係，以估計期末應有多少之備抵壞帳之餘額，才足以配合期末的應收帳款餘額，以反映應收帳款的帳面價值，此法乃強調資產的評價，又稱資產負債表法(balance sheet approach)。因此此法提列壞帳時，必須考慮調整前備抵壞帳之餘額，其計算方法如下：首先，應收帳款期末餘額×壞帳率＝調整後應有之備抵壞帳餘額，而後利用調整後應有之備抵壞帳餘額－調整前備抵壞帳餘額（或加借餘）＝當期應提列之壞帳金額。

c. 帳齡分析法(aging of accounts receivable)

乃按賒欠期間之長短，分別給予不同之壞帳率，求出無法收回之帳款，以計算調整後備抵壞帳之餘額，再考慮備抵壞帳之餘額，而求出當期應提列之壞帳金額。

D. 存貨(inventories)

企業準備銷售的商品，買賣業為商品存貨，製造業為原料、在製品、製成品存貨，若遇上市場價格下跌，就會有「備抵存貨跌價損失」來調降存貨的價值，而如何認定為存貨，是指商品是否應列入存貨之相關問題，一般而言，其認定原則以所有權為標準，凡所有權屬於本企業所有，則不論是否已收到或持有，均應列為存貨之中。反之，若本企業不擁有所有權，即使存放在本企業，亦不可列入存貨，但有少數例外，分述之。

a. 在途存貨(goods in transit)

是指尚在運送途中之商品，其所有權應屬於買方或賣方，視交貨條件而定。

※ 起運點交貨(free on board shipping point)，指當賣方將商品委託給貨運公司後，商品則歸買方所有，不論買方是否已收到。

※ 目的地交貨(free on board destination)，指商品必須到達買方指定之地點後，其所有權才算移轉給買方，買方驗收無誤後，則列入存貨項目，因此，在途之商品仍屬賣方所有。

b. 寄銷品(consignment-out)

企業為廣銷商品，往往採用寄銷方式，寄銷人將商品委託承銷人代為銷售，由於寄銷品之所有權仍屬寄銷人所有，所以尚屬寄銷人存貨，不可列為承銷人存貨。

c. 企業自用商品

存貨以出售為目的，若企業購入商品為自己使用，則不得列為存貨。

d. 分期付款銷貨(installment sales)

以分期付款銷售商品，顧客在未繳清貨款前，其所有權仍屬於賣方所有，理應列為賣方存貨，但通常不列為賣方存貨，此乃假設顧客不會拒絕付款，而將商品退回，因此一經出售，即從賣方存貨中剔除，是以所有權判斷存貨標準之例外。

而通常經過一段時間的營運，公司內部所擁有的存貨項目會變的很多也很複雜，而每個項目進貨的時間和成本也不一樣，會使得期末存貨成本的計算複雜化，存貨計價方法的不同，除了直接影響資產負債表的存貨金額外，也會影響損益表之銷貨成本與淨利的金額。一般而言，存貨成本計算的方式有下列四種方法：

a. 個別認定法(specific identification method)：以實際購入之價格，作為期末存貨之成本。

b. 平均法(average method)：依照計算方式之不同，可分為：
　① 簡單平均法(simple average method)
　　適用於單位價格及各次進貨數量較小之企業，其平均單位成本＝（期初存貨單價＋各次進貨單價）／（進貨次數＋1）
　② 加權平均法(weighted average method)
　　單位加權平均成本＝全部商品總額／可銷售商品之數量
　③ 移動平均法(moving average method)
　　每次進貨後，均須按加權平均之方法，重新計算單位成本，亦即每次進貨之單位成本＝未售商品總額／未售商品總量

c. 先進先出法(first-in, first-out method)：先行買進之商品，先行出售，期末存貨為最近購入之商品。

d. 後進先出法(last-in, first-out method)：後進之商品先行出售，期末存貨則為較早購入之商品。

　　各種方法中，以先進先出法算得之期末存貨成本，最接近當時市價，因先進先出法假設先買進者先賣出，所以最近購入者之成本為期末存貨成本，較接近期末市價，平均法次之，後進先出法又次之，另就損益觀點判斷之，在物價上漲期間，由於後進先出法是以後買入者先賣出，所以銷貨成本較高，淨利較低，而期末存貨是早期低價購入者，故期末存貨價值偏低，在先進先出法則相反，至於平均法則居中間。

　　若以損益表看之，後進先出法以最近購入商品作為銷貨成本，故較能符合收入與費用配合，先進先出法則以較早所購入商品之成本與現在銷貨配合，較無法符合收入與費用配合，而平均法則居中間。

　　至於物價上漲期間，在後進先出法下，高售價與高銷貨成本配合，淨利較低因此稅負較少，有節稅之效果；而先進先出法，由於高售價與低銷貨成本配合，淨利較高，因此稅負較重，易造成虛盈實虧或虛盈實稅的現象；至於平均法則居中間。

(2) 長期投資(long-term investment)

企業為了控制目的或理財關係，購買並長期持有被投資之企業之股票或公司債，所以通常包括債務憑證（例如債券）與權益憑證（例如股票）兩類，一般而言，長期投資具有下列特性：

A. 無公開市場或明確市價者。

B. 是意圖控制被投資公司或與其建立密切業務關係者。

C. 是因契約、法律或自願性累積資金，以供特殊用途或達成特殊目的者。

長期投資與上述之金融資產之區別，在於持有時間之長短，若持有期間超過一年，則被列入長期投資，包括債務憑證，例如：債券、或權益憑證；例如：股票等等。

至於長期投資與上述之金融資產該如何區別呢？有下列三項可供參考：

a. 科目性質不同：上述之金融資產，例如有流動資產；而長期投資，例如有基金。

b. 性質不同：上述之金融資產有公開市場可隨時出售，並且可利用短期多餘資金來投資；而長期投資無公開市場或有公開市場，但出售會影響公司控制權。

c. 目的不同：上述之金融資產為了獲利而短期持有，而長期投資是為了控制或維持與被投資公司之關係而長期持有。

若長期投資為未上市公司股票，則期末使用成本法評價；若為上市公司股票，則期末按成本與市價孰低法評價，並採總額比較法。

① 若總市價大於總成本，則不必做分錄。

② 若總市價小於總成本，則就其差額，做下列之調整分錄：

長期投資未實現跌價損失
　　備抵跌價損失

「長期投資未實現跌價損失」，列為資產負債表中股東權益的減項，是屬於股東權益之科目，並非列於損益表，「備抵跌價損失」則列為長期投資之減項，若隔年市價回升，則應在備抵跌價損失貸方餘額內，將其與長期投資未跌價損失對轉，其分錄如下：

備抵跌價損失
長期投資未實現跌價損失

長期投資有未實現跌價損失，最終會使股東權益減少，但是如果是來自上述之金融資產，即透過淨利的減少，而使股東權益減少。如果是來自長期投資，則因跳過了損益表，所以並不影響損益表的最後淨利，這也使得許多財會人員利用長期投資來動手腳。

(3) 固定資產(fixed assets)

指企業持有專供長期營業使用，屬於公司的生財器具，不以出售為目的，耐用年限長，且目前正在使用中，包括機器、土地與廠房，又稱廠房及設備資產。

A. 土地(land)：企業持有且目前營業上有使用，可以用資產重置，來調整與市價之間的距離。

B. 廠房及機器設備(plant and equipment)：提列折舊的方式，來逐步降低帳面上的數字，在資產負債表中的固定資產金額，是資產減掉累計折舊的結果，所以公司之折舊方式與估計耐用年限，會影響公司在這個項目之金額，為了讓損益表的淨利表現出好成績，有些公司可能會將折舊期限拉長，如此一來資產負債表之累計折舊也跟著變小，資產自然變多。另外，從固定資產金額與營運規模之變化，也可看出公司是否有存在不尋常之狀況，例如，公司將很多訂單外包給小廠代工，但固定資產之金額卻大幅攀高，就是不合理之現象。

〈相關新聞〉

歐晉德：高鐵折舊年限太短

2012 年時任臺灣高鐵董事長歐晉德強調，高鐵為全球投資金額最大、獲利最高的 BOT 案，卻有全球最短折舊年限，僅短到「世界第一」，成為高鐵虧損嚴重的主因之一。高鐵將下半年重點目標擺在爭取折舊年限合理化，臺灣高鐵公司董事長歐晉德指出，折舊年限不合理，成為高鐵上市的最大阻力。

高鐵營運邁入第 5 年時,上半年終於轉虧為盈,獲利近 20 億元,歐晉德表示,「終於見到一絲曙光,但難關還沒有過」。他指出,高鐵目前每賺 100 元,就有 30 多元付銀行利息,30 多元作為折舊費用,若折舊能依照實際使用年限合理化,成本架構才能重新調整。

他指出,過去政府訂定 35 年折舊年限立足在「幻想」上,當時政府認為高鐵團隊營運 35 年後,為避免圖利特定團體,國內也許會出現另一個毫無經驗值但可能更專業的經營團隊,屆時需重新評估是否更換團隊經營。

歐晉德強調,當初推動高鐵 BOT 案時,國內沒經驗,只能將過去「蓋焚化爐、蓋旅館的模式套進去」。但連晶華飯店都有 50 年特許期,高鐵含興建期只有 35 年,票價還受到政府限制,不符社會公義。高鐵若能使用 70 年、100 年,「為何需在 35 年內折舊為零?」

(4) 無形資產(intangible assets)

是指沒有實體存在,具有未來經濟效益且供營業長期使用之,例如商標權、專利權、著作權、電腦軟體成本及商譽等。

(5) 其他資產(other assets)

無法歸類於上述之資產,具有未來經濟效益,且供營業長期使用之資產,例如閒置資產、出租資產、限制使用資產等。

2. 財務狀況表之負債(liabilities)

最主要是流動負債(current liabilities)與長期負債(long-term liabilities),依照是否在一年內到期來區分,若一年內需以現金償還者即為流動負債,超過一年以上才需償還者即為長期負債,市場注重的是流動負債,如果即將到期的負債無法償還,企業經營立即面臨危機。一般來說,流動負債可區分為下列兩大類。

第一類為確定負債,又可分為下列三種:

(1) 金額確定,例如短期借款,銀行透支等等。

(2) 金額決定於營業結果,例如:應付所得稅。

(3) 金額不確定。又可細分為

    A. 可合理估計：即估計負債，是指負債已確實發生，但金額不確定之負債，仍須以估計金額入帳者。例如，應付贈品。

    B. 不可合理估計：例如公司車禍肇事，已確定負賠償責任，但有待雙方談判。

    第二類為或有負債，是指企業於資產負債表日，尚無法確定是否存在之負債。其特性有三：

(1) 該債務是種因於過去之情況。

(2) 此一個情況之最後結果不確定。

(3) 該情況之最後結果，有賴於未來事項之發生與否，加以證實。例如債務保證，即當保人，或未決訟案，又可細分下列三種：

    A. 很有可能(probable)：指未來事項發生或不發生之可能性相當大。

    B. 有可能(reasonably possible)：指未來事項發生或不發生的機率介於很有可能或極少可能之間。

    C. 可能性極微(remote)：指未來事項發生或不發生之可能性非常小。

        a. 或有負債，如已預見其發生之可能性極大，且其金額可以合理估計者，應依估計金額予以列帳。

        b. 若或有負債發生之可能性不大或雖發生之可能性相當大，但金額無法合理估計者，不預計入帳，但應揭露其性質並說明無法合理估計之性質。

    至於第一類的確定負債，是指金額及到期日，均能合理確定之負債，常見有下列幾種：

(1) 銀行透支(bank overdraft)

    是指銀行與企業訂有信用之契約，當企業存款不足，而在一定之金額內則由銀行代墊，以避免企業遭到退票，銀行透支對企業而言，是屬於流動負債，企業若在同一家銀行，由同性質之存款則可與透支抵銷，以淨額列示，若是不同銀行或不同性質之存款，則不可抵銷。

(2) 應付帳款與票據(accounts payable and notes payable)

兩者皆因賒購商品原料及勞務等而發生之負債,但應付票據則另由企業簽發給債權人,於約定特定日期,無條件支付一定金額之債務憑證,若是因銷貨或進貨而發生之票據,其期限不長於一年者,不必計算現值入帳,但若期限超過一年者,不論是由營業或非營業發生,均應計算現值入帳,至於借款而開立之票據,不論期限長短一律以現值入帳,而票據面額若與現值有差異,此差異以應付票據折價入帳,列為應付票據之減項。

(3) 短期借款(short-term loan)

是指一年或一個營業週期內,因非營業活動產生之借款,例如向股東或銀行,或其他個體借入,以供企業短期週轉之用。

(4) 長期負債一年內到期之部分(long-term liabilities due within one year)

※ 一次還本之長期負債:於到期日前一年,轉列為流動負債。

※ 分期還本之長期負債:分期轉為流動負債。

(5) 存入保證金(refundable deposits)

企業因營業需要,向員工或顧客收取押金或保證金,以作為損害賠償或履行契約責任之擔保,例如出納員保證金等,這些押金或保證金,應於退還之期限,列於流動負債、長期負債或其他負債等。

(6) 應計負債(accrued liabilities)

是指負債已經發生,但帳上尚未紀錄,於會計年度結束時應調整入帳之負債。例如:應計利息、應付租金、應付薪資等。

(7) 預收收入(payment received in advance)

是指當未提供商品或勞務前,即收取款項之負債。

(8) 應付股利(dividends payable)

指本期已宣告,但尚未發放之股利。

(9) 應付稅捐(taxes payable)

許多負債因經營活動而發生,其金額亦決定於經營成果,例如營業稅或所得稅等。

(10) 其他應付款(other accounts payable)

　　是指非營業活動而產生之各項應付款項，例如：應付土地款、應付機器款等。

3. 股東權益(shareholder's equity)或持股人利益，根據 IFRS 第一條建議，主要分成三大類

(1) 發行股本(capital stock)

　　公司向主管機關登記之資本總額為法定資本，金額不得任意增減。分為兩種：普通股(common stock)與特別股(preferred stock)，其中普通股為公司之基本股份，當公司僅發行一種股份時，必為普通股，普通股股東是公司經營利益之最後享受人，亦是經營風險之最後承擔人。公司結束營業或清算，它會出售資產，將其轉換為現金，現金先支付。

A. 長、短期債權人。

B. 剩餘部分（又叫淨值或股東權益）給股東。

　　而特別股又叫優先股，較普通股享有較優越之權利。優先股(preference shares)：最早出現在 19 世紀，讓投資人以較低的風險參與公司，其可能較普通股股東先獲得股利支付，如果公司結束營業，也可較普通股股東優先收回資本→但優先股不能贖回，是公司永久資本的一部分，不能償還，可以分為：

A. 累積(cumulative)：本年盈餘不夠支付優先股的股利，可延到次年再支付，仍比普通股股東優先支付。

B. 參與(participating)：除固定股利外，附帶分享獲利之權利。

　　2001 年以後，公司法修正，允許普通股低於票面價格 10 元發行，如果公司以發行股票來交換資產或勞務，若故意高估其價值，使股票發行價格虛增，則股東權益有攙水現象，此股票叫做攙水股(watered stock)；反之，若低估換入資產或勞務，則股票發行價格低列，使股東權益價值較實際低，此股票叫祕密準備或祕密公積(secret reserve)。

(2) 公積(reserves)

　　最主要是股票發行價格，超過面額的溢價部分，又叫額外投入資本(addition paid-in capital)或其他投入資本(other paid-in capital)，包括股票溢價發行所帶來之收入、處分固定資產稅後盈餘、固定資產

重估增值及捐贈。在財務狀況表中，公積屬於權益之一部分，有兩種公積：

A. 收入公積(revenue reserves)：例如保留盈餘，可自由以股利形式分配給股東。

B. 資本公積(capital reserves)：又叫法定公積或不可分配公積，不可自由分配，不能用做股利支付，但能用來彌補發行股票的費用。例：

   a. 股票溢價帳(share premium)：只能用於法定用途。

   b. 重估公積(revaluation reserve)：當公司之非流動資產價值提高，未必然代表公司立即獲利，因為獲利只有在資產出售時才實現，並列損益表。在此過程之前，「審慎原則」(prudence rule)要求將資產價值增加，保留在財務狀況表中，因為股東對公司出售的任何資產都有權利，所以股東權益也同步增加，重估公積因此被創造出來，財務狀況表仍平衡。

(3) 保留盈餘(retained earnings)

企業歷年的盈餘，並未發放給股東，而是供企業未來使用，但若有虧損，即為累積虧損(cumulative deficit)，所以一般來說，保留盈餘的主要來源是本期純益,而減少保留盈餘的主要項目是股利的發放。包含：

A. 法定盈餘公積：根據公司法規定，公司必須在當期淨利中，保留百分之十作為法定盈餘公積。

B. 特別盈餘公積：根據公司章程規定，除法定盈餘公積外，可另提特別盈餘公積。

C. 未分配盈餘：期初餘額加上當期稅後淨利，再扣除法定盈餘公積分配給股東及員工、董監事酬勞之股票與紅利等等之餘額。

D. 另外還有股利(dividends)：乃股息和紅利之簡稱，股利是股東之投資報酬，除公司章程另有訂定外，按各股東持有之股份比例分派之。公司分配股利，是以現金或其他資產分配，故會使股東權益之保留盈餘減少，依公司法規定公司非彌補虧損及提出法定盈餘公積後，不得分派股息及紅利，公司無盈餘時，不得分配股利，但法定盈餘公積已超過資本總額 50%時，或於有盈餘年度所提存之盈餘公積，有超過該盈餘 20%者，公司為維持股票之價格，得以其超過部分派充股利。一般而言，股利有分為現金股利與股票

股利，兩者都會使保留盈餘減少，換句話說，現金股利使保留盈餘和現金同額減少，股票股利只是股東權益項目間之轉換而已，使保留盈餘減少，普通股股本增加，而資產總額與負債總額均不受影響。

其實典型的上市公司，只有已發行，且股東已繳款的股票才可以顯示不在財務報狀況表。而大多數(60%~80%)的上市公司股東，持有不到10%的股數，大多數股數在法人股東手中，而這些法人股東，例如保險信託及退休基金銀行私募股權、基金及其他金融機構。

第二節　損益表

一、綜合損益表(statement of comprehensive income)之編排邏輯及各組成項目之由來

1. 意義

用以表達企業某一特定期間（即該經營年度）之經營成果，而所謂的經營成果，係指企業當年的營業收入與其相關的成本費用相減而得，若為正數稱為純益或淨利，若為負數稱為純損或淨損。

所以實務分析上，會把重點放在損益表的各項目的分析與預測上，因為一家企業會賺錢還是賠錢，未來前景如何，看損益表就能一目了然。

2. 損益表的基本原理

主要分成兩大類：

(1) 收入(revenue)：與本業有關的收入叫做銷貨收入(sales)或營業收入(operating revenue)，而與本業無關的叫利得(gains)，所以透過損益表也可判斷此家公司是以營業收入為主，還是營業外收入為主。

(2) 費用(expense)：與本業有關的叫費用或成本，例如銷售產品或提供勞務的成本，我們稱為銷貨成本(cost of goods sold)或營業成本(operating cost)，而與營業相關的費用稱為營業費用(operating expenses)，反之，若與本業無關的稱為損失(loss)。

3. 損益表之結構分析

(1) 本業部分

A. 銷貨收入：因主要營業活動所產生的收入，又叫營業收入，一般產業向上成長之公司，營業收入也會逐漸增加，而大規模的公司，因為已過了快速成長期，營業收入也會呈現穩定成長。所謂快速成長期，包含萌芽時期及擴張時期，因為獲利情形，與企業所處產業環境有關，現分述如下：

　　a. 萌芽時期(pioneering stage)：競爭者不多，營收及盈餘快速成長，但競爭力不足，易被淘汰，若具高風險、高成長的特質，則股價易倍數跳躍，例如：臍帶血科技上市。

　　b. 擴張時期(expansion stage)：此時市場獲利需求及穩利穩定攀升，公司會進行產品改良、創新並追求資本擴充及營業規模大型化，則會吸引追隨者。

　　c. 成熟階段(maturity stage)：產品規格標準化、競爭者最多，此時沒有超額利潤，成長率低，多以維持市占率為目的。

　　d. 衰退期(decline stage)：若無法改良創新，刺激需求或產品用途逐漸消失，會步入衰退期，此時營收和獲利負成長，同業陸續凋零。

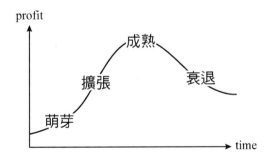

B. 銷貨成本：因主要營業活動所產生的成本，又叫營業成本，一般包含進貨(purchase)、進貨運費(freight-in)、進貨退出及折讓(purchase returns and allowances)、進貨折扣(purchase discounts)等，四大報表看不到營業成本之組成明細，但可從財務報告書中之重要會計科目明細表看出。

從營業成本可分析：a.直接原料、b.直接人工、c.製造費用中，哪個比重較高，可藉此判斷企業屬於資本密集或勞力密集之產業，而營業成本除以營業收入，等於營業成本率。營業成本率若高，表示營業成本增加之幅度大於營業收入增加之幅度，亦即生產成本增加，獲利遭到壓縮，是不好之趨勢；反之，營業成本率若低，表示營業成本增加之幅度小於營業收入增加之幅度，是好的趨勢。另一觀點觀之，如果，營業收入代表企業之成長性，而營業成本代表企業生產之控制能力，則營業成本率攀升之企業，即代表企業獲利能力不斷下降，而企業該如何降低營業成本呢？一般來說有三種策略：

a. 第一種→擴大產能，發揮經濟規模

因為產能越高，分攤到每個生產單位之營業成本下降，則每單位之毛利會增加。

b. 第二種→提高生產效率

例如可以提高自動化之比重，以降低營業成本，或在生產過程中，減少產品瑕疵或浪費。

c. 第三種→取得更低價之原料或人工

例如有些企業引進外勞，或逐漸將生產基地移往大陸或東南亞，以降低生產成本。

C. 銷貨收入－銷貨成本＝銷貨毛利。

D. 營業費用：是為了創造營業收入所投入的成本，包含推銷及管理費用，但和營業成本不同的是，營業成本和公司生產之產品直接相關，而營業費用則與產品間接相關，所以營業成本又叫直接成本，營業費用又叫間接成本。

一般來說，有下列四種情況會造成營業費用大增：

a. 公司組織龐大，效率低落，內部管理有問題。例如，員工浮報交際費、交通費、打私人電話等，此又叫「補貼性消費」。

b. 產業競爭激烈，為擴大市場占有率，而增加廣告費。

c. 公司擴建生產線，導致折舊費用增加，但若業績不能同步增加，營業收入有限營業費用暴增，表示此投資策略是錯誤的。

d. 公司跨入新產品領域時,在拓展初期,必須投入大量的人力、物力及廣告費以開拓市場。

E. 銷貨毛利－營業費用＝營業純益或純損,其中營業純益是本業賺錢與否之指標,成長型公司之營業收入會逐漸地增加,營業純益也會逐漸增加,營業利益率(＝營業利益／營業收入)自然維持穩定,反之,本業若不賺錢,營業利益自然下滑。

(2) 業外部分

A. 營業外收入及利得(non-operating revenue):例如:匯兌收入、房租收入、利息收入、投資收入等。

B. 營業外費用及損失(non-operating expense):例如:利息費用、房租支出、投資損失、匯兌損失等。

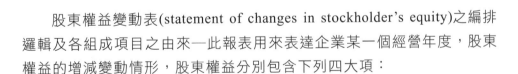

營業純益＋營業外收入－營業外費用＝本期純益

負責權益比＝負債／股東權益

第三節　股東權益變動表

股東權益變動表(statement of changes in stockholder's equity)之編排邏輯及各組成項目之由來—此報表用來表達企業某一個經營年度,股東權益的增減變動情形,股東權益分別包含下列四大項:

1. **股本**(authorized capital stock):又叫法定資本,是指實際繳納所認股份之款項,而按面值入帳的部分,即是實收資本額,也是分析股票之重要指標,而每股盈餘都與股本有關,如果股本增加,則每股盈餘會降低,辦理現金增資,發放股票股利,都會增加股本;反之,若減資或註銷庫藏股,都會使股本減少。

所謂庫藏股(treasury stock),是指公司已發行、經收回但尚未註銷之股票,原則上,公司不得買回公司之股票,以免減少法定資本侵害債權人之保護,但若公司仍要買回自家公司之股票,應於六個月內,按

市價將其出售，但在出售前，即為庫藏股。若超過六個月，仍未出售者，應視為公司未發行股票，需辦理變更實收資本額之登記。一般而言，有下列四種情況會產生庫藏股：

(1) 股東捐贈。

(2) 以股票抵償破產股東對公司的債務。

(3) 對於股東會重大決議，例如與他公司合併，出售或出租重要資產，若有反對之股東，得要求公司按公平市價買回其股票。

(4) 為滿足員工購股之需要，公司得自股票市場買回自家公司之股票，再售與員工。

根據 IFRS 第 NO32 規定：

A. 買回股票揭露在「股東權益變動表」中。

B. 這些買回的股票，日後若賣出有獲利，必須留在「權益」項內，不能列入「損益表中」。

2. **資本公積**(capital surplus)：凡是股東或他人繳入公司，超過面額之部分，一般包含股本發行之溢價、特別股轉換之利益、庫藏股票交易之利益、股票分割及受贈資本等項目，簡單來說，就是除了營業收入及營業外收入以外之收入，在此須特別注意的是，公司因為現金增資或買賣自家股票所產生之利益，並非列在損益表之收益，而是作為資本公積的增加。

3. **保留盈餘**(retained earning)：指公司歷年累積之純益，尚未以現金或其他資產方式分配給股東，而保留於公司者，又叫累積盈餘，主要來自於本期純益，而股利的發放，則會減少保留盈餘，保留盈餘除了未分配盈餘外，因公司法有規定，為避免公司把盈餘全發放完，造成公司淨值降低，影響債權人權益，所以立法規定，必須強制提撥 10% 的盈餘，作為法定盈餘公積。另外，基於其他法令規定或公司為了某種原因或目的，將保留盈餘限制，不得發放，此部分稱為特別盈餘公積。第三部分是未分配盈餘，值得一提的是，提列法定盈餘公積，發放股票及發放股票股利給員工，是不會減少股東權益的，因為股票的發放，只是將盈餘轉為股本，法定盈餘公積的提列，也只是要保留部分的盈餘，供做未來其他用途，只有現金的發放，會減少股東權益。

4. **未實現資本增值或損失**：包含資產重估增值，外幣換算調整，長期未實現跌價損失等。

除了上述股東權益的部分，還有少數股東權益(minority interest)。所謂少數股東權益是指母公司在子公司的持股者未達百分之百，子公司的財務報表上，須另外呈現少數股東權益，也就是母公司以外的人，在子公司的持股比例。而股東之所以買進，並持有股票，是因為看好公司的未來獲利及資本成長，還有股利水準，所以在評量時，會檢視下列計量工具：

1. **股利覆蓋率**(dividend cover)**又叫股利率**：在某種程度，可以用來評估公司股利政策之安全性。例如稅後盈餘為 2 萬元，股利為 1 萬元，則股利率為 2，表示每 2 元中有 1 元股利給股東，反之，是指用 50%盈餘支付股利。若股利覆蓋率為 1，表示公司把所有盈餘分配給股東，沒有保留一毛錢支應未來的營業發展。

$$股利率 = \frac{稅後盈餘}{股利}$$

2. **負債權益比**(DER)：是指負債除上股東權的比率，評估外來資金占自有資金的比率。

第四節　現金流量表

現金流量表(statement of cash flow)之編排邏輯及各組成項目之由來：

一、意義及目的

所謂現金流量表，是就現金的流入與流出，彙總說明企業在某個特定期間之營業、投資及融資的活動。其主要目的，在於提供企業有關現金收支資訊，具體而言，現金流量表能幫助投資人及債權人評估企業之

1. 未來產生淨現金流入之能力。

2. 償還負債及支付股利的能力。

二、 三大類活動對現金流量之影響

1. 營業活動

　　主要與本業有關，例如可造成現金流入的活動，有現銷商品及勞務、應收帳款或應收票據收現等，而造成現金流出的活動，有現購商品及原料、償還供應商之帳款或支付營業費用，這是現金流量表的主要內容，所有營業活動都已在損益表中做表達，但由於損益表是採應計基礎，很多科目未必與現金餘額之變化一致。以銷貨為例，當發生銷貨時，可能先以應收帳款入帳，並未收到現金，進貨時，未必直接以現金付款，由此可知，要觀察營業活動所造成之現金流入與流出，必須藉由損益表與應收帳款，及存貨等來自營業活動之流動資產之變化，以及應付票據、應付帳款等流動負債之變化，才能觀其全貌，因此，現金流量表在表達營業活動之現金流量時，必須調整：

(1) 以損益表之淨利開始。

(2) 先調整非常損益中與現金無關之損益項目，若報表中出現非常損益之項目，應檢查該非常事件是否有現金流入或流出，還是只影響帳上之損益，如果是後者，表示該事件不影響現金之流入與流出，但有影響本期淨利，必須要調整，如果是與現金無關之非常損失，會使本期淨利下降，但無現金流出，則在現金流量表中應予以加回；反之，若是與現金無關之非常利益，但有影響本期淨利，使本期淨利上升，但無真正現金流入，則須予以扣回。

(3) 再加回所有損益表中，已當作費用扣除，但卻不是現金流出之項目例如折舊或攤銷等，因為這些科目會使本期淨利下降，卻不影響現金流出。

(4) 接著將損益表，營業外收支中與現金無關之損益項目做調整，加回損失金額，扣掉利得之金額。

(5) 調整營業外收支處分投資與資產處分之損益科目，金融資產、長期投資與固定資產，都是屬於投資活動，其現金流入與流出，必須在投資活動之現金流量中揭露，但由於損益表中，已將金融資產、長期投資與固定資產處分後之利得與損失，做了損益入帳，為了能在現金流量表中能完整表達處分投資之金額，故先將已包含在稅後淨利之各種投資損益扣除，在現金流量表中投資活動之現金流量，以各筆交易之總

額呈現，如果在損益表中出現損失，在現金流量表中則予以加回，若損益表中出現收益，在現金流量表中則予以扣除。

(6) 明列流動資產與流動負債各項目之變化，最主要之科目為應收帳款，存貨與應付帳款，由於大多數之銷貨是屬於賒銷行為，是以應收帳款入帳並非現金，所以若期末應收帳款餘額高於期初應收帳款餘額，表示這段期間因銷貨而產生之應收帳款，未收回之餘額大於已收回之餘額，表示在淨利中，此部分之金額未以現金形式入帳，所以在現金流量表中來自營業活動之現金流量需自稅後淨利中扣除，才能表達真正之現金餘額。反之，若期末應收帳款餘額低於期初應收帳款餘額，表示企業收帳之速度，大於掛帳之速度，本期淨利中並未包括此一數字，故須加回才能表達真正之現金餘額。

同樣地，進貨成本不論是否以實際付款，在資產負債表中之存貨已入帳，損益表中已計入銷貨成本，若期末應付帳款餘額高於期初應付帳款餘額，表示進貨科目已入帳，但現金未真正流出，須在現金流量表中加回；反之，若期末應付帳款餘額低於期初應付帳款餘額表示，本期應付款之金額已高於貨款，在現金流量表中需扣除。

此外，存貨是屬於營業活動之項目，在損益表中未表達，但在現金流量表中需表達，當期末存貨餘額高於期初存貨餘額，表示庫存量大於銷量，此一增量在損益表中之銷貨成本並未表達，必須從現金流出中扣除，相反地，期末存貨餘額低於期初存貨餘額，表示庫存量小於銷量，現金有收回，所以須加回。

簡言之，當任何一項流動資產餘額減少，即表示企業將這些資產變現，而產生現金流入，須在營業活動中之現金流量加回，若流動資產餘額增加，表示企業把錢壓在流動資產上，亦即現金流出，須在營業活動中之現金流量作減項處理，當任何一項流動負債增加，即表示企業向外融資現金，是為現金流入，也是在營業活動中之現金流量做加回處理；反之，若流動負債餘額減少，等於把錢還給債主，是為現金流出，須在營業活動中之現金流量作減項處理。

綜而言之，造成營業活動之現金流入，整理如下：

(1) 現銷商品及勞務，應收帳款及應收票據收現。

(2) 收取利息及股利。

(3) 處分因交易而持有之權益證券及債權憑證所產生之現金流入。

(4) 因交易目的而持有之期貨、遠期合約、交換、選擇權合約或其他性質類似之金融商品所產生之現金流入。

(5) 其他非因理財或投資活動所產生之現金收入。例如，訴訟受償款、存貨保險理賠款等等。

　而造成營業活動之現金流出有：

(1) 現購商品及原料，償還供應商帳款及票據。

(2) 支付各項營業成本及費用。

(3) 支付稅捐，罰款及規費。

(4) 支付利息。

(5) 取得因交易而持有之權益證券及債權憑證所產生之現金流出。

(6) 因交易目的而持有之期貨、遠期合約、交換、選擇權合約或其他性質類似之金融商品所產生之現金流出。

(7) 其他非因理財或投資活動所產生之現金支出。例如，訴訟賠償、捐贈及退還顧客貨款。

2. 投資活動

　　此一部分的報表表達方式，因無需調整，較容易理解，只要將報表中除了淨營運資金外，各項實際發生之投資活動，按其現金流入與現金流出之金額列帳，主要是購買長期投資、金融資產與固定資產，如果想要知道不肖股東是否想要掏空公司，得從此處找到蛛絲馬跡，所以應特別注意，尤其是當企業營運有亮起紅燈時，一般而言，會造成現金流入的投資活動，有出售營業用資產或長期投資證券及金融資產，而造成現金流出的活動有購買營業用資產，長期投資或金融資產。

　　綜而言之，造成投資活動之現金流入整理如下：

(1) 收回貸款及處分債權憑證之價款，但不包含因交易目的而持有之債權憑證及約當現金部分。

(2) 處分權益證券之價款，但不包含因交易目的而持有之權益證券。

(3) 處分固定資產價款，包含固定資產保險理賠款。

(4) 因期貨、遠期合約、交換、選擇權合約或其他性質類似之金融商品所產生之現金流入，但不包含因交易目的而持有者即已被列入理財活動之收現。

　　而造成投資活動之現金流出整理如下：

(1) 承做貸款及取得債權憑證，但不包含因交易目的而持有之債權憑證及約當現金部分。

(2) 取得權益憑證之價款，但不包含因交易目的而持有之權益憑證取得固定資產。

(3) 取得期貨、遠期合約、交換、選擇權合約或其他性質類似之金融商品所產生之現金流出，但不包含因交易目的而持有者及已被列入理財活動之收現。

3. 融資活動

　　不論是營業活動或是投資活動，其現金流出均須有資金挹注，而資金來源，除了營業活動本身的銷貨收入與利潤外，有時仍需向外籌措，例如債權人或股東，則須提供相當之報酬，所以會有償還借款或支付現金股利等行為，這些即屬於融資活動之現金流量，則包含項股東籌資、發放現金股利、向外舉債、償還債務或購買庫藏股等。

　　綜而言之，造成理財活動之現金流入有：

(1) 現金增資發行新股。

(2) 借融資性質之款項。

　　而造成理財活動之現金流出有：

(1) 付股利，購買庫藏股票及退回資本。

(2) 還借款。

(3) 還延期價款之本金。

第五節　結　論

　　資產負債表、損益表與現金流量表，雖然各有各的目的，看起來似乎並無任何關聯，但其實三者之間有密切之關係，我們可以資產負債表為主軸，以損益表和現金流量表為補充資產負債表無法表達之事項，因為資產負債表表達的是一個時點之存量及資產，負債與股東權益是在編表日之金額，而損益表與現金流量表是動態之報表，可提供的是一份動態之資訊。事實上，損益表之稅後淨利減去現金股利，即為資產負債表中保留盈餘之增量，而現金流量表最後之淨現金流入或流出，就是說明資產負債表中的現金科目，如何由期初餘額變成期末餘額，透過三大報表將企業之營業活動、投資活動及融資活動做完整之整理與敘述，下一章將討論如何編制財務報表。

REVIEW ACTIVITIES

習題

一、問答題

1. 讀損益表有何要訣？

2. 如何掌握損益表的重要資訊？

3. 如何閱讀資產負債表？

二、選擇題

( ) 1. 下列何者非為股東權益項目？ (A)已認股本 (B)償債準備 (C)償債基金 (D)庫藏股。

( ) 2. 將利息收入誤列為營業收益，將使當期營業淨利： (A)虛增 (B)虛減 (C)不變 (D)視利息費用高低而決定。

( ) 3. 表示企業某一特定時日之財務狀況的報表是： (A)盈餘預估表 (B)股東權益變動表 (C)資產負債表 (D)以上皆是。

( ) 4. 銷貨收入與銷貨成本的差額為何者？ (A)銷售淨利 (B)稅前淨利 (C)稅後淨利 (D)銷貨毛利。

( ) 5. 表示企業某一特定期間之經營成果的報表是： (A)公開說明書 (B)損益表 (C)委託書 (D)股東權益變動表。

( ) 6. 以下哪一個會計科目，不可能在損益表中出現？ (A)非常損益 (B)土地資產重估增值 (C)銷貨退回與折讓 (D)研究發展費用。

( ) 7. 以下哪一個會計科目，不應在損益表銷售費用項中出現？ (A)銷售佣金 (B)銷貨折扣 (C)折舊費用 (D)廣告費用。

( ) 8. 對傳統財務報表的敘述，下列何者有誤？ (A)對非數據的事實無法提供表達 (B)表達相同幣值的資料 (C)受個人判斷及估計的影響 (D)表達階段性的資料。

( ) 9. 桃園公司 XX 年中誤將一筆修理費列為機器設備，則對當年度財務狀況或經營績效之影響為： (A)本期純益低估 (B)資產低估 (C)負債不受影響 (D)股東權益不受影響。

（　）10. 以現金 15,000 購買辦公設備在現金流量表上是屬於哪一項活動？　(A)理財活動的現金流出　(B)營運活動的現金流出　(C)投資活動的現金流出　(D)並不影響現金流量。

（　）11. 下列何者與保留盈餘有關？　(A)宣告發放現金股利　(B)實際發放現金股利　(C)宣告作股票分割　(D)實際作股票分割。

（　）12. 在資產負債表中的各項資產是依何種順序排列？　(A)壽命之長短　(B)金額之大小　(C)流動性之高低　(D)重要性之大小。

（　）13. 上市公司之季財務報告未包括下列何者？　(A)股東權益變動表　(B)現金流量表　(C)損益表　(D)資產負債表。

（　）14. 提供財務季報表主要在滿足下列何種目標？　(A)提供及時的資訊　(B)提供攸關的資訊　(C)提供可靠的資訊　(D)提供可供比較的資訊。

（　）15. 下列何者不屬於股東權益項目？　(A)股本　(B)應付股利　(C)保留盈餘　(D)資本公積。

（　）16. 下列何者不是財務報表的一種？　(A)現金流量表　(B)股東權益變動表　(C)資產變動表　(D)損益表。

（　）17. 毛利率係以銷貨毛利除以下列何者？　(A)銷貨總額　(B)銷貨淨額　(C)銷項成本　(D)進貨。

（　）18. 編製現金流量表的目的之一是：　(A)揭露某一期間所有資產與負債變動的情形　(B)揭露某一期間營運資金變動的情形　(C)提供關於一個企業在某一期間有關營運、投資與融資活動的資訊　(D)以上三者都不是。

（　）19. 銷貨收入為$250,000，銷貨退回及折讓為$40,000，銷貨成本為$140,000 時，其毛利率為：　(A)40%　(B)33%　(C)56%　(D)44%。

（　）20. 下列何項不屬於財務報表的「要素」(element)？　(A)資產　(B)費用　(C)業主投資　(D)來自營業活動的現金流量。

（　）21. 下列何者為靜態報表？　(A)資產負債表　(B)損益表　(C)股東權益變動表　(D)現金流量表。

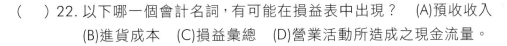

(　　) 22. 以下哪一個會計名詞，有可能在損益表中出現？　(A)預收收入
(B)進貨成本　(C)損益彙總　(D)營業活動所造成之現金流量。

(　　) 23. 下列何者不是現金流量表的功能？　(A)測定公司盈餘的品質
(B)對外部資金的依賴程度　(C)公司的財務彈性　(D)資產的管
理效能。

(　　) 24. 下列何者為來自融資活動的現金流量？　(A)購買固定資產
(B)應計費用增加　(C)借入長期負債　(D)以上皆非。

(　　) 25. 會計名詞並未完全統一，常常有數個名詞具有相同意義的情
形，請指出以下哪一個名詞與其他三項意義有顯著不同？　(A)
淨資產　(B)股東權益　(C)淨值　(D)股本。

(　　) 26. 支付股利必須報導在現金流量表中的：　(A)融資活動之現金流
量　(B)套利活動之現金流量　(C)營業活動之現金流量　(D)投
資活動之現金流量。

(　　) 27. 下列何者為不影響現金之投資與融資活動？　(A)發行普通股
交換土地　(B)支付股利給股東　(C)購買設備　(D)宣告現金股
利。

(　　) 28. 分配現金股利，會使股東權益：　(A)增加　(B)減少　(C)不變
(D)不一。

(　　) 29. 若公司發放股票股利將使：　(A)資產減少　(B)負債減少　(C)
股東權益減少　(D)股東權益不變。

(　　) 30. 下列哪一項和企業報導盈餘數字的品質沒有關聯？　(A)存貨
計價方式　(B)折舊方式　(C)壞帳費用認列方式　(D)每股盈餘
金額的大小。

(　　) 31. 以下哪一項科目，其金額永遠不會是負數？　(A)淨值　(B)淨利
(C)營業收入　(D)保留盈餘。

(　　) 32. 以下哪一個會計科目，不應在損益表一般管理費用項中出現？
(A)固定資產出售損失　(B)薪資費用　(C)折舊費用　(D)租金費
用。

（　）33. 金金書店售出圖書禮券，並收到現金，此一交易對財務報表的影響為：　(A)收入增加　(B)收入減少　(C)負債增加　(D)負債減少。

（　）34. 公司發行股票，必定會增加其：　(A)核定股本　(B)資本公積　(C)庫藏股價值　(D)已發行股本。

（　）35. 研究發展成本應列為：　(A)當期費用　(B)長期投資　(C)無形資產　(D)遞延項目。

（　）36. 表示企業某一特定期間之經營成果的報表是：　(A)公開說明書　(B)損益表　(C)委託書　(D)股東權益變動表。

（　）37. 若分配員工紅利，會對財務報表產生何影響？　(A)費用增加　(B)股東權益減少　(C)負債減少　(D)本期淨利減少。

（　）38. 長期負債將於一年或一個營業週期（以較長者為準）到期，並將以流動資產或另創流動負債償還之部分：　(A)仍列長期負債，不必特別處理　(B)仍列長期負債，另設「一年內到期長期負債」科目　(C)轉列流動負債　(D)以上作法皆可。

（　）39. 下列有關損益表之表達，何者不正確？　(A)應表達至稅後淨利　(B)原則上應以多站式方式表達　(C)公開發行公司應計算每股盈餘　(D)顯示特定期間之財務狀況。

（　）40. 完整的財務報表是由四張報表組合而成，分別為資產負債表、損益表、股東權益變動表及現金流量表，請問何者表內的數字屬於存量的觀念？　(A)資產負債表　(B)損益表　(C)股東權益變動表　(D)現金流量表。

（　）41. 下列哪一個項目可不須在財務報表之附註中揭露？　(A)關係人交易　(B)期後事項　(C)會計政策　(D)或有利益。

（　）42. 下列何者不是財務報表的一種？　(A)現金流量表　(B)股東權益變動表　(C)資產變動表　(D)損益表。

（　）43. 表示企業某一特定期間之經營成果的報表示：　(A)公開說明書　(B)損益表　(C)委託書　(D)股東權益變動表。

（　）44.「存出保證金」在財務報表中是屬於： (A)資產科目 (B)負債科目 (C)費用科目 (D)收入科目。

（　）45. 下列何項在資產負債表中屬於「現金」之一部分？ (A)存於供應商之押金 (B)遠期支票 (C)活期存款 (D)指定用途之現金。

（　）46. 對於公司持有的備供出售證券投資，下列敘述何者正確？ (A)期末市價下跌時會減少當期淨利 (B)期末市價上漲時會增加資本公積 (C)期末市價下跌時會減少總資產金額 (D)期末市價上漲時會增加股東權益報酬率。

（　）47. 房地產公司購入而尚未出售之房屋應列為： (A)無形資產 (B)固定資產 (C)基金與投資 (D)流動資產。

（　）48. 下列何項目不屬於資產評價項目？ (A)備抵呆帳 (B)累計折舊 (C)備供出售證券投資未實現損益 (D)累計攤提。

（　）49. 償債基金在資產負債表上應列為： (A)流動資產 (B)非流動資產 (C)負債之減項 (D)股東權益。

（　）50. 採用權責基礎記帳，期末應將當期應負擔之費用由下列何者轉為費用？ (A)資產 (B)負債 (C)業主權益 (D)收入。

（　）51. 存貨計價若採先進先出法(FIFO)，當物價上漲時，會造成： (A)成本偏低，毛利偏高 (B)成本偏低，毛利偏低 (C)成本偏高，毛利偏低 (D)成本偏高，毛利偏高。

（　）52. 投資公司收到被投資公司所發放的股票股利時，應： (A)貸記股利收入 (B)不作分錄、僅作備忘記錄 (C)貸記投資收益 (D)貸記股本。

（　）53. 固定資產之帳面價值係指固定資產之： (A)重置成本 (B)歷史成本減累計折舊之餘額 (C)淨變現價值 (D)清算價值。

（　）54. 在資產負債表中的各項資產是依何種順序排列？ (A)壽命之長短 (B)金額之大小 (C)流動性之高低 (D)重要性之大小。

( ) 55. 下列何項在資產負債表中屬於「約當現金」之一部分？ (A)存於供應商之押金 (B)遠期支票 (C)定存存單 (D)指定用途之現金。

( ) 56. 下列科目何者非屬於資產？ (A)商譽 (B)應付票據折價 (C)長期投資備抵跌價損失 (D)租賃權益。

( ) 57. 開辦費係指： (A)公司設立登記前發生之費用 (B)創業期間之支出 (C)新廠或新分支據點之籌備費用 (D)選項(A)、(B)、(C)皆是。

( ) 58. 下列何者屬於無形資產？ (A)應收帳款 (B)預付費用 (C)商標權 (D)研究發展支出。

( ) 59. 存貨計價若採先進先出法(FIFO)，當物價下跌時，會造成： (A)成本偏低，毛利偏高 (B)成本偏低，毛利偏低 (C)成本偏高，毛利偏低 (D)成本偏高，毛利偏高。

( ) 60. 公司執行高現金股利政策時，會造成怎樣的影響？ (A)股本增加 (B)盈餘被稀釋 (C)現金減少 (D)每股淨值增加。

( ) 61. 下列哪些交易事項有可能會使現金增加（請選出最佳之答案）？甲.庫藏股票減少；乙.發行普通股；丙.可轉換債券轉換為普通股；丁.存出保證金增加 (A)僅乙和丁 (B)僅甲和乙 (C)甲、乙、丙、丁 (D)僅乙。

( ) 62. 當年度以前分配董、監酬勞及員工紅利，會使股東權益產生何變化？ (A)增加 (B)減少 (C)不變 (D)不一定。

( ) 63. 公司發放股票股利將使： (A)資產減少 (B)負債減少 (C)股東權益減少 (D)股東權益不變。

( ) 64. 發放股票股利及股票分割後，下列敘述何者錯誤？ (A)均不影響股東權益總數 (B)均使股票面額下跌 (C)均使股數增加 (D)股東所持有股票占總數比例均不變。

( ) 65. 下列各項中哪一項將使未指撥保留盈餘增加？ (A)本期淨損 (B)宣告現金股利 (C)前期淨利低估 (D)宣告股票股利。

( ) 66. 請問下列哪一個帳戶不會出現在保留盈餘表上？ (A)本期損益 (B)前期損益調整 (C)特別股發行溢價 (D)股利宣告。

( ) 67. 子公司自公開市場買入其母公司的股票作為投資時，母公司在認列對該子公司的投資收益及編製財務報表時，應將該子公司持有的母公司股票視為： (A)庫藏股 (B)一律視為投資 (C)資本公積減項 (D)6 個月內尚未出售時可作為投資，超過 6 個月尚未出售須視為減資。

( ) 68. 下列因素何者會影響公司的每股淨值高低？ (A)公司採用的會計原則 (B)公司流通在外普通股的股數 (C)公司管理當局對當期壞帳費用的估計 (D)以上皆會。

( ) 69. 辦理股票分割會使公司之淨值總額如何變化？ (A)增加 (B)減少 (C)不變 (D)不一定。

( ) 70. 公司購入庫藏股，對其每股盈餘與股東權益有何影響？ (A)兩者皆增加 (B)兩者皆減少 (C)沒有影響 (D)前者增加，後者減少。

( ) 71. 下列何項交易會使流通在外股數發生變動，惟不影響股東權益總金額？ (A)發行特別股 (B)發放股票股利 (C)收回庫藏股 (D)員工行使認股權。

( ) 72. 少數股權為： (A)母公司未持有的子公司股票之市價 (B)子公司之股東權益未被母公司擁有之部分 (C)母公司之股東權益未被子公司擁有之部分 (D)母公司之投資成本超過取得股權帳面價值之部分。

( ) 73. 企業買回流通在外股票並再發行，如果買回價高於再發行價，下列何者帳面數值會下降？ (A)當期稅後淨利 (B)庫藏股每股帳面值 (C)股東權益 (D)普通股發行溢價。

( ) 74. 下列有關普通股每股淨值的敘述，何者正確？甲.每股淨值不能低於每股之面額；乙.每股淨值不能為負值；丙.每股淨值為總資產除以流通在外股數；丁.每股淨值等於普通股股東權益除以流通在外股數 (A)僅甲和乙 (B)僅乙和丙 (C)僅乙和丁 (D)僅丁。

（　　）75. 流動負債是指預期在何時償付的債務？　(A)一年內　(B)一個
正常營業循環內　(C)一年或一個正常營業週期內，以較長者為
準　(D)一年或一個正常營業週期內，以較短者為準。

（　　）76. 下列有關普通股面額的敘述何者為真？　(A)普通股的面額通
常代表公司股票的市場價格　(B)一企業的普通股股本餘額通
常會大於其普通股股本溢價的餘額　(C)一企業的普通股面額
隱含著一但企業經營不善遭清算時，普通股股東對公司資產的
請求權　(D)普通股面額的大小在分析實際企業的經營績效或
分析每股價值時，並無重要的意義。

（　　）77. 以下有關庫藏股的敘述，何者正確？　(A)庫藏股會影響公司的
核准發行股數　(B)庫藏股會影響公司的已發行股數　(C)庫藏
股會影響公司的每股盈餘　(D)庫藏股應視為公司的長期投資。

（　　）78. 下列何者是對的？　(A)流通在外股數＋庫藏股股數＝發行股
數　(B)流通在外股數＋庫藏股股數＝額定股數　(C)流通在外
股數＋特別股股數＝額定股數　(D)流通在外股數＋特別股股
數＝發行股數。

（　　）79. 「已認股本」於資產負債表中應列為：　(A)流通資產　(B)資本
公積　(C)法定資本　(D)股東權益減項。

（　　）80. 以下哪一事件會使帳面之每股盈餘較高？　(A)買回庫藏股票
(B)限制股票股利發放　(C)預期盈餘為正時，實施減資　(D)選
項(A)、(B)、(C)皆會影響。

（　　）81. 以下有關庫藏股的敘述，何者有誤？　(A)買入庫藏股沒有盈餘
分配權　(B)買入庫藏股沒有投票權　(C)買入庫藏股不會影響
公司的總資產　(D)買入庫藏股沒有剩餘財產清算權。

（　　）82. 一年內將已償債基金償還之五年期公司債，應列為：　(A)流動
負債　(B)長期負債　(C)償債基金之減項　(D)股東權益。

（　　）83. 欲彌補虧損時，下列何項目應為優先使用之？　(A)資本公積
(B)法定盈餘公積　(C)股本　(D)負債。

（　）84. 下列何者屬於盈餘分配之項目？　(A)董、監酬勞　(B)員工紅利
(C)股東股利　(D)資本公積配股。

（　）85. 在合併資產負債表中，少數股權代表？　(A)子公司中母公司的
權益　(B)子公司中非屬母公司的權益　(C)特別股股東之權益
(D)轉換公司債持有者之權益。

（　）86. 自 2008 年度起，我國公司之員工紅利於財務報表中係列為：
(A)盈餘分配　(B)薪資　(C)營業成本或費用　(D)不一定。

（　）87. 公司購入庫藏股，對其每股盈餘與股東權益有何影響？　(A)
兩者皆增加　(B)兩者皆減少　(C)沒有影響　(D)前者增加，後
者減少。

（　）88. 下列何者不是或有負債？　(A)應收票據向銀行貼現，銀行有追
索權　(B)隨銷貨集點數兌換贈品費用　(C)公司被告侵犯專利
權訴訟　(D)公司為子公司借款背書。

（　）89. 以下何者不是公司購入庫藏股的目的？　(A)宣示現行每股市價
低於每股應有真實價值水準　(B)避免被購併　(C)準備當公司
實施員工入股分紅計畫時再發出　(D)加強對子公司的控制權。

（　）90. 下列敘述何者正確？　(A)庫藏股交易可能減少但不會增加保
留盈餘　(B)庫藏股交易可能減少但不會增加資本公積　(C)庫
藏股交易可能減少但不會增加本期淨利　(D)庫藏股成本應列
為保留盈餘之減項。

（　）91. 會計期間結束日，已發行普通股數超過流通在外普通股數，其
可能原因為何？　(A)宣告股票股利　(B)購入庫藏股票　(C)股
票經認購但尚未發行　(D)發行已認購之股票。

（　）92. 買回庫藏股後，交易採用成本法處理，若買回價格高於面額，
將使股東權益總數？　(A)不變　(B)增加　(C)減少　(D)或增或
減視情況而定。

（　）93. 某企業今年決定發放 10% 股票股利，故下列何者為非？　(A)
企業的保留盈餘會減少　(B)企業普通股股本增加　(C)企業已
發行且流通在外股數增加　(D)若當時市價高於面額，企業的股
東權益增加。

（　）94. 企業買回流通在外股票，如果未再賣出，而買價高於會計期間結束時該股票市場價格，下列何者之帳面數值會下降？　(A)當期稅後淨利　(B)股東權益　(C)庫藏股帳面價值　(D)資本公積。

（　）95. 甲公司擁有乙公司流通在外普通股 10,000,000 股中的 70%。其餘 3,000,000 股為丙公司所擁有。在甲公司所編製的合併報表上，應將丙公司視為：　(A)被投資公司　(B)少數股權　(C)聯屬公司　(D)關係人。

（　）96. 法定公積之性質為下列何者之一部分？　(A)保留盈餘　(B)資本公積　(C)特別公積　(D)長期投資。

（　）97. 董事會宣告發放股票股利五毛，股利的支付是來自於：　(A)稅前淨利　(B)保留盈餘　(C)債務清償　(D)新股發行。

（　）98. 下列何者會使保留盈餘增加？　(A)本期純損　(B)以資本公積彌補虧損　(C)股利分配　(D)庫藏股交易。

（　）99. 下列何者不是會計交易事項？　(A)宣告發放現金股利　(B)報銷帳面無殘值之機器設備　(C)發放股票股利　(D)股東大會決議辦理現金增資。

（　）100. 何者不能表徵一家公司的所有權？　(A)普通股　(B)特別股　(C)存託憑證　(D)公司債。

（　）101. 在下列何種情況下，公司流通在外的股數會減少？　(A)現金增資　(B)發放股票股利　(C)買回庫藏股　(D)資本公積轉增資。

（　）102. 下列何者對公司的帳面價值沒有影響？　(A)現金增資　(B)發放現金股利　(C)買回庫藏股　(D)發放股票股利。

FINANCIAL STATEMENT
ANALYSIS

CHAPTER

03

如何編製財務報表

第一節　資產負債表之編製

一、資產負債表

　　會計上有四大財務報表，茲分述如下：

1. **意義**：表示企業在一特定時日之資產、負債及業主權益之情況，即表示該企業在特定日之財務狀況的靜態報表。

2. **表首**：企業名稱、報表名稱、編表日期。

3. **表身排列式**

(1) 流動法：將資產負債表各會計科目以流動性大小排列，即流動性大者排列於前，流動小者排列於後（GAAP 屬之）。

(2) 固定法：將資產負債表各會計科目以固定性程序排列，固定性較大者排列於前，固定性較小者排列於後（IFRS 屬之）。

4. **形式**

(1) 帳戶式：根據「資產＝負債＋業主權益」之會計方程式原理編製，左方記資產，右方記負債及業主權益（GAAP 屬之）。

資產負債表

流動資產	流動負債（營運資金管理）
長期投資	長期負債
固定資產	股東權益
⇓	⇓
資本預算：此類投資涉及較長時間及較大金額，必須詳加評估。	長期融資：此部分是如何利用長期貸款、發行債券、出售股票，從公司外部取得長期資金，以融通公司投資所需之資金，並維持適合之資本結構。

(2) 報告式：根據「資產－負債＝業主權益」之會計方程式原理編製，由上而下直行排列。可以由某上市公司的合併資產負債表參考之。

合併資產負債表

本資料由××公司提供

本公司採月制會計年度（空白表曆年制）

註：各會計項目金額之百分比，係採四捨五入法計算

民國 1×2 年第 4 季						
單位：新台幣仟元						
會計項目	1×2 年 12 月 31 日		1×1 年 12 月 31 日		1×1 年 1 月 1 日	
	金額	%	金額	%	金額	%
流動資產						
現金及約當現金	25,711,065	9.10	25,611,406	9.35	22,140,268	8.08
透過損益按公允價值衡量之金融資產－流動	215,182	0.08	148,527	0.05	3,152,664	1.15
備供出售金融資產－流動淨額	19,165,866	6.78	15,751,741	5.75	13,721,102	5.01
應收票據淨額	16,589,337	5.87	10,437,872	3.81	9,817,412	3.58
應收帳款淨額	8,681,572	3.07	8,779,571	3.20	9,292,645	3.39
應收帳款－關係人淨額	326,462	0.12	281,550	0.10	354,077	0.13
其他應收款淨額	1,361,862	0.48	1,340,042	0.49	1,080,861	0.39
其他應收款－關係人淨額	421,572	0.15	2,023,957	0.74	1,792700	0.65
存貨	9,286,227	3.29	9,645,715	3.52	11,190,478	4.08
預付款項	4,480,308	1.58	3,834,946	1.40	5,188,493	1.89
其他流動資產	1,548,602	0.55	2,679,052	0.98	3,425,359	1.25
流動資產合計	87,788,055	31.06	80,534,379	29.40	81,156,059	29.61
非流動資產						
備供出售金融資產－非流動淨額	4,551,126	1.61	4,534,843	1.66	4,036,463	1.47
以成本衡量之金融資產－非流動淨額	579,192	0.20	616,193	0.22	661,778	0.24
採用權益法之投資淨額	8,028,252	2.84	7,181,369	2.62	6,857,733	2.50
不動產、廠房及設備	109,369,671	38.69	104,289,140	38.07	107,240,927	39.12
投資性不動產淨額	6,045,488	2.14	5,874,323	2.14	6,143,001	2.24
無形資產	19,495,931	6.90	17,282,511	6.31	16,848,627	6.15
其他非流動資產	46,823,024	16.56	53,635,728	19.58	51,169,971	18.67
非流動資產合計	194,892,684	68.94	193,414,107	70.60	192,658,500	70.39
資產總額	282,680,739	100.00	273,948,486	100.00	274,114,550	100.00
流動負債						
短期借款	18,521,893	6.55	18,945,086	6.92	18,891,513	6.89
應付短期票券	5,102,283	1.80	4,912,171	1.79	4,458,344	1.63
應付帳款	8,245,257	2.92	7,683,392	2.80	8,387,893	3.06

應付帳款－關係人	183,052	0.06	196,682	0.07	306,697	0.11
其他應付款	9,793,971	3.46	9,162,750	3.34	7,995,043	2.92
當期所得稅負債	1,899,948	0.67	1,266,913	0.46	1,294,394	0.47
其他流動負債	26,652,090	9.43	24,823,205	9.06	20,928,190	7.63
流動負債合計	70,398,494	24.90	66,990,199	24.45	62,262,074	22.71
非流動負債						
應付公司債	0	0.00	3,500,000	1.28	3,500,000	1.28
長期借款	47,342,350	16.75	51,367,579	18.75	58,988,270	21.52
遞延所得稅負債	9,679,623	3.42	9,321,578	3.40	9,293,491	3.39
其他非流動負債	1,641,695	0.58	962,790	0.35	910,659	0.33
非流動負債合計	58,663,668	20.75	65,151,947	23.78	72,692,420	26.52
負債總額	129,062,162	45.66	132,142,146	48.24	134,954,494	49.23
歸屬於母公司業主之權益						
股本						
普通股股本	36,921,759	13.06	36,921,759	13.48	36,921,759	13.47
股本合計	36,921,759	13.06	36,921,759	13.48	36,921,759	13.47
資本公積						
資本公積合計	12,193,297	4.31	12,215,684	4.46	12,192,857	4.45
保留盈餘						
法定盈餘公積	10,726,105	3.79	9,952,623	3.63	9,090,640	3.32
特別盈餘公積	13,051,193	4.62	13,060,950	4.77	13,163,791	4.80
未分配盈餘（或待彌補虧損）	23,488,214	8.31	21,094,539	7.70	20,954,619	7.64
保留盈餘合計	47,265,512	16.72	44,108,112	16.10	43,209,050	15.76
其他權益						
其他權益合計	16,697,377	5.91	12,716,255	4.64	10,398,001	3.79
歸屬於母公司業主之權益合計	113,077,945	40.00	105,961,810	38.68	102,721,667	37.47
非控制權益	40,540,632	14.34	35,844,530	13.08	36,438,398	13.29
權益總額	153,618,577	54.34	141,806,340	51.76	139,160,065	50.77
預收股款（權益項下）之約當發行股數（單位：股）	0		0		0	
母公司暨子公司所持有之母公司庫藏股股數（單位：股）	0		0		0	

茲舉一例說明之。

📂 **甲商店民國 XX 年底結帳後各實帳戶之餘額如下：**

現金	$188,300	備抵呆帳（貸）	$1,200
應收帳款	120,000	累計折舊－建築物	14,000
存貨	36,000	短期借款	220,000
應收利息	1,500	應付票據	124,600
預付保險費	12,000	應付帳款	75,000
基金	50,000	長期借款	100,000
長期投資	150,000	長期抵押借款	80,000
土地	800,000	暫收款	5,000
建築物	700,000	存入保證金	3,000
暫付款	18,000	業主資本	1,200,000
存出保證金	32,000	業主往來（貸）	485,000
銀行存款	200,000		

試作：

(1) 列式計算該店本年度之：

A.流動資產 B.基金及長期投資 C.固定資產 D.其他資產

E.資產總額 F.流動負債 G.長期負債 H.其他負債

I.負債總額 J.業主權益總額

(2) 編製該店民國 XX 年底帳戶式資產負債表。

其解如下所示：

(1) A. 流動資產＝ $188,300＋$200,000＋$120,000－$1,200＋$1,500＋$36,000＋$12,000＝$556,600

B. 基金及長期投資＝$50,000＋$150,000＝$200,000

C. 固定資產＝$800,000＋$700,000－$14,000＝$1,486,000

D. 其他資產＝$18,000＋$32,000＝$50,000

E. 資產總額＝$556,600＋$200,000＋$1,486,000＋$50,000＝$2,292,600

F. 流動負債＝$220,000＋$124,600＋$75,000＝$419,600

G. 長期負債＝$100,000＋$80,000＝$180,000

H. 其他負債＝$5,000＋$3,000＝$8,000

I. 負債總額＝$419,600＋$180,000＋$8,000＝$607,600

J. 業主權益總額＝$1,200,000＋$485,000＝$1,685,000

(2) 編製資產負債表

甲商店
資產負債表
民國××年 12 月 31 日

資產	小計	合計	總計	負債及業主權益	小計	合計	總計
流動資產：				負債：			
現金		$188,300		流動負債			
銀行存款		200,000		短期借款	$220,000		
應收帳款	$120,000			應付票據	124,600		
減：備抵呆帳	1,200	118,800		應付帳款	75,000	$419,600	
存貨		36,000		長期負債			
應收利息		1,500		長期借款：	$100,000		
預付保險費		12,000	$556,600	長期抵押借款	80,000	180,000	
基金及長期投資：				其他負債：			
基金		50,000		暫收款	$5,000		
長期投資		150,000	200,000	存入保證金	3,000	8,000	$607,600
固定資產：				業主權益：			
土地	$800,000			業主資本		$1,200,000	
建築物	$700,000			業主往來		485,000	1,685,000
減：累計折舊	14,000	686,000	1,486,000				
其他資產：							
暫付款	$18,000						
存出保證金	32,000	50,000					
資產總額			$2,292,600	負債及業主權益總額			$2,292,600

第二節 損益表之編製

一、 損益表

1. **意義**：彙總企業在一期間之所有收入類與費用類帳戶之金額列示，藉
   以去報導該期間之經營成果的動態報表。

2. **表首**：企業名稱、報表名稱、起訖期間。

3. **表身（格式）**

(1) 單站式損益表：「總收入－總費用＝本期損益」之格式，服務業採用
   之。

(2) 多站式損益表：損益項目分若干階段計算而得之本期損益，買賣業採用之。

(A) 第一階段：指銷貨毛利（損），又稱買賣損益。

(B) 第二階段：指營業損益。

(C) 第三階段：指本期損益。

如以某上市公司為例。

合併綜合損益表

本資料由××公司提供

本公司採月制會計年度（空白表曆年制）

註：各會計項目金額之百分比，係採四捨五入法計算

民國1×2年第4季				
				單位：新台幣仟元
會計項目	1×2年01月01日至 1×2年12月31日		1×1年01月01日至 1×1年12月31日	
	金額	%	金額	%
銷貨收入淨額	116,098,947	100.00	113,699,313	100,00
營業收入合計	116,098,947	100.00	113,699,313	100,00
銷貨成本	93,275,950	80.34	95,950,845	84.39
營業成本合計	93,275,950	80.34	95,950,845	84.39
營業毛利（毛損）	22,822,997	19.66	17,748,468	15.61
營業毛利（毛損）淨額	22,822,997	19.66	17,748,468	15.61
營業費用				
推銷費用	1,019,186	0.88	1,104,967	0.97
管理費用	3,984,173	3.43	3,403,842	2.99
研究發展費用	43,663	0.04	33,105	0.03
營業費用合計	5,047,022	4.35	4,541,914	3.99
營業利益（損失）	17,775,975	15.31	13,206,554	11.62
營業外收入及支出				
其他收入	1,968,187	1.70	1,938,355	1.70
其他利益及損失淨額	185,044	0.16	-1,310,040	-1.15
財務成本淨額	1,910,300	1.65	2,723,582	2.40
採用權益法認列之關聯企業及合資損益之分額淨額	585,550	0.50	1,009,601	0.89
營業外收入及支出合計	828,481	0.71	-1,085,666	-0.95
稅前淨利（淨損）	18,604,456	16.02	12,120,888	10.66

所得稅費用（利益）合計	3,485,773	3.00	2,122,669	1.87
繼續營業單位本期淨利（淨損）	15,118,683	13.02	9,998,219	8.79
本期淨利（淨損）	15,118,683	13.02	9,998,219	8.79
其他綜合損益（淨額）				
國外營運機構財務報表換算之兌換差額	3,480,277	3.00	-742,474	-0.65
備供出售金融資產未實現評價損益	1,908,817	1.64	3,056,073	2.69
現金流量避險	47,427	0.04	8,194	0.01
確定福利計畫精算利益（損失）	400,247	0.34	164,183	0.14
採用權益法認列之關聯企業及合資之其他綜合損益之分額合計	353,156	0.30	-476,131	-0.42
其他綜合損益	-68,042	-0.06	-27,911	-0.02
其他綜合損益（淨額）	6,121,882	5.27	1,981,934	1.74
本期綜合損益總額	21,240,565	18.30	11,980,153	10.54
淨利（損）歸屬於：				
母公司業主（淨利／損）	10,026,731	8.64	7,784,265	6.85
非控制權益（淨利／損）	5,091,952	4.39	2,213,954	1.95
綜合損益總額歸屬於				
母公司業主（綜合損益）	14,336,481	12.35	10,232,450	9.00
非控制權益（綜合損益）	6,904,084	5.95	1,747,703	1.54
基本每股盈餘				
繼續營業單位淨利（淨損）	2.72		2.11	
基本每股盈餘	2.72		2.11	
稀釋每股盈餘				
繼續營業單位淨利（淨損）	2.71		2.11	
稀釋每股盈餘	2.71		2.11	

茲舉一例說明之。

📁 **A 商店民國 XX 年底相關之分類帳戶餘額如下：**

銷貨收入	$756,000	薪工津貼	$120,000
銷貨退回	13,000	文具用品	3,600
銷貨折扣	3,000	銷貨運費	1,400
存貨(1/1)	16,000	保險費	6,500
存貨(12/31)	19,000	廣告費	3,500
進貨	452,000	佣金收入	12,000
進貨費用	3,000	租金收入	8,000
進貨退出	10,000	利息支出	6,000
進貨折扣	5,000	投資損失	7,500

試作：

(1) 列式計算該店本年度之：

(A)銷貨淨額；(B)商品總額；(C)銷貨成本；

(D)銷貨毛利；(E)營業淨利：(F)稅前淨利

(2) 編製該店民國 XX 年度報告式損益表（所得稅率假設為 20%）。

其解如下所示：

(1) (A) 銷貨淨額＝$756,000－($13,000＋$3,000)＝$740,000

(B) 商品總額＝$16,000＋($452,000＋$3,000－$10,000－$5,000)

＝$456,000

(C)銷貨成本＝$456,000－$19,000＝$437,000

(D)銷貨毛利＝$740,000－$437,000＝$303,000

(E) 營業淨利＝$303,000－($120,000＋$3,600＋$1,400＋

$6,500＋$3,500)

＝$168,000

(F) 稅前淨利＝$168,000＋($12,000＋$8,000)－

($6,000＋$7,500)

＝$174,500

(2) 編製損益表

A 商店

損益表

民國××年度

項目	小計	合計	總計
銷貨淨額：			
銷貨收入		$756,000	
減：銷貨退回	$13,000		
減：銷貨折扣	3,000	16,000	$740,000
銷貨成本：			
存貨(1/1)	16,000		
加：進貨	452,000		
進貨費用	3,000	471,000	
減：進貨退出	$10,000		
減：進貨折扣	5,000		
減：存貨(12/31)	19,000	34,000	437,000
銷貨毛利			$303,000
營業費用：			
薪工津貼		$120,000	
文具用品		3,600	
銷貨運費		1,400	
保險費		6,500	
廣告費		3,500	135,000
營業淨利			$168,000
營業外收入：			
佣金收入	$12,000		
租金收入	8,000	20,000	
營業外費用：			
利息支出	$6,000		
投資損失	7,500	(13,500)	6,500
稅前淨利			$174,500
減：所得稅費用			34,900
本期淨利			$139,600

第三節　現金流量表之編製

　　以現金之流入與流出，彙總說明企業在特定期間之營業活動、投資活動與理財活動之動態報表，主要目的在提供企業在特定期間之現金收支的資訊，以及相關之投資及理財活動的資訊。

　　共分為三大部分：

1. 由營業活動所產生之現金流量。

2. 由投資活動所產生之現金流量。

3. 由理財活動所產生之現金流量。

　　將三大部分之現金流量計算完成後，結果相加，即可得該企業之現金流量之淨增或淨減，其基本概念如下：（如圖 3-1）

合併現金流量表

本資料由××公司提供

本公司採月制會計年度（空白表曆年制）

民國 1×2 年第 4 季		
		單位：新台幣仟元
會計項目	1×2 年 01 月 01 日至 1×2 年 12 月 31 日	1×1 年 01 月 01 日至 1×1 年 12 月 31 日
營業活動之現金流量－間接法		
繼續營業單位稅前淨利（淨損）	18,604,456	12,120,888
本期稅前淨利（淨損）	18,604,456	12,120,888
折舊費用	6,839,020	6,108,714
攤銷費用	335,203	351,119
透過損益按公允價值衡量金融資產及負債之淨損失（利益）	12,428	-47,735
利息費用	1,910,300	2,723,582
利息收入	-198,029	-213,321
股利收入	-692,685	-635,294
採用權益法認列之關聯企業及合資損失（利益）之分額	-585,550	-1,009,601
處分及報廢不動產、廠房及設備損失（利益）	-493,344	65,580
處分投資性不動產損失（利益）	-5,289	-390,683
處分投資損失（利益）	-468,203	-351,089

金融資產減損損失	321,815	122,832
非金融資產減損損失	250,100	3,533
非金融資產減損迴轉利益	215,974	-6,555
未實現外幣兌換損失（利益）	-328,115	251,946
其他項目	207,476	175,382
不影響現金流量之收益費損項目合計	7,321,101	7,148,410
持有供交易之金融資產（增加）減少	-78,079	3,070,240
應收票據（增加）減少	-5,908,031	-942,355
應收帳款（增加）減少	301,652	594,957
應收帳款－關係人（增加）減少	-42,530	70,945
其他應收款（增加）減少	887,627	-315,111
其他應收款－關係人（增加）減少	1,648,292	358,927
存貨（增加）減少	340,240	1,645,677
預付款項（增加）減少	-124,650	1,256,905
其他流動資產（增加）減少	24,095	229,003
其他金融資產（增加）減少	921,940	-639,695
與營業活動相關之資產之淨變動合計	-2,029,444	5,329,493
應付帳款增加（減少）	236,807	-598,247
應付帳款－關係人增加（減少）	-21.531	-102.129
其他應付款增加（減少）	616,370	2,628,312
預收款項增加（減少）	333,995	880,749
其他流動負債增加（減少）	-191,244	268,646
應計退休金負債增加（減少）	-208,581	-90,438
與營業活動相關之負債之淨變動合計	765,816	2,986,893
與營業活動相關之資產及負債之淨變動合計	-1,263,628	8,316,386
調整項目合計	6,057,473	15,464,796
營運產生之現金流入（流出）	24,661,929	27,585,684
退還（支付）之所得稅	-2,688,324	-2,150,928
營業活動之淨現金流入（流出）	21,973,605	25,434,756
投資活動之現金流量		
取得備供出售金融資產	-1,536,492	-224,802
處分備供出售金融資產	45,407	705,112
取得以成本衡量之金融資產	-3	0
處分以成本衡量之金融資產	30,721	120
以成本衡量之金融資產減資退回股款	0	10,000
取得採用權益法之投資	-222,995	-355,650
處分採用權益法之投資	2,194,144	234,992
預付投資款增加	0	-5,618,617

對子公司之收購（扣除所取得之現金）	-642,888	-255,880
取得不動產、廠房及設備	-2,805,066	-5,914,763
處分不動產、廠房及設備	707,821	467,285
其他應收款－關係人增加	0	-309,502
取得無形資產	-175,907	-58,921
取得投資性不動產	-398	0
處分投資性不動產	9,082	643,246
長期應收租賃增加	170,373	295,944
其他金融資產增加	166,343	516,342
其他非流動資產增加	-411,981	-818,139
其他預付款項增加	-98,265	-383,525
收取之利息	230,778	212,966
收取之股利	1,090,682	921,757
投資活動之淨現金流入（流出）	-1,248,644	-9,932,035
籌資活動之現金流量		
短期借款減少	-2,514,570	487,960
應付短期票券增加	190,112	453,827
舉借長期借款	26,772,266	16,119,087
償還長期借款	-33,479,971	-17,367,582
其他非流動負債減少	-365,503	86,603
發放現金股利	-8,656,161	-9,326,896
取得子公司股權	-950,866	-30,840
支付之利息	-1,792,669	-2,694,753
非控制權益變動	24,513	20,938
籌資活動之淨現金流入（流出）	-20,772,849	-12,251,656
匯率變動對現金及約當現金之影響	147,547	220,073
本期現金及約當現金增加（減少）數	99,659	3,471,138
期初現金及約當現金餘額	25,611,406	22,140,268
期末現金及約當現金餘額	25,711,065	25,611,406
資產負債表帳列之現金及約當現金	25,711,065	25,611,406

現金流入		現金流出
由日常營業活動所產生之現金 ex：①銷售商品及勞務 ②收利息及股利 ③應收帳款、應收票據收現	由營業活動產生之現金流量	日常營業產生支出之費用 ex：①現購商品原料 ②償還貸款 ③支付各項營業成本及費用 ④支付稅捐、罰款規費 ⑤支付利息
	＋	
出售非流動資產及金融資產收現 ex：①收回貸款、其他投資 ②處分固定資產、無形資產之價款	由投資活動產生之現金流量	支付購買非流動資產及金融資產付現 ex：①承做貸款 ②取得固定資產
	＋	
舉借長期負債及發行股本所收到之現金、出售公司債、普通股優先股及其他證券	由理財活動產生之現金流量	償還負債與收回股本所支付之現金，支付現金股利及短期借款到期收回或購回公司債
	＝	
ex：①現金增資、發行新股 ②舉借融資性質之債務	現金之淨增或淨減	ex：①支付股利 ②購買庫藏股 ③退回資本 ④償還借入款

圖 3-1

一、 由營業活動所產生之現金流量

依 FASB（Financial Accounting Standard Board 美國財務會計準則委員會）標準 95 所述，編製現金流量表有兩種方法，第一種是直接法，將企業之損益表中之項目，分別予以調整，由權責基礎轉為現金基礎，但此方法極為煩瑣，須將企業全部之銷貨均改為現金銷貨，全部之進貨均改為現金採購。

另一法為間接法，以當期之淨利為起點，作適度調整後，換算為由營業活動所產生的現金流量，不論是直接法或間接法，最後所得到之結果都相同。

現以間接法為例，其由營業活動所產生之現金流量之步驟如下（圖3-2）：

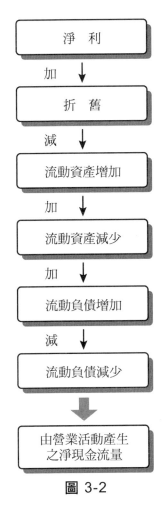

圖 3-2

ex：

×公司

損益表

民國××2 年 1 月 1 日至 12 月 31 日

銷貨	$2,000,000
銷貨成本	(1,500,000)
銷貨毛利	$500,000
營銷費用	(270,000)
折舊費用	(50,000)
營業利益	$180,000
利息費用	(20,000)
稅前淨利	$160,000
所得稅	(49,500)
稅後淨利	$110,500
特別股股利	(10,500)
普通股股東可享盈餘	$100,000
流通在外普通股股數	100,000
每股盈餘	$1.00

×公司保留盈餘分配表

民國××2 年 1 月 1 日至 12 月 31 日

期初保留盈餘	$250,000
加：普通股股東可享盈餘	100,000
減：發放現金股利	50,000
期末保留盈餘	$300,000

×公司比較資產負債表

	××1年底	××2年底
資產		
流動資產		
現金	$30,000	$40,000
有價證券	10,000	10,000
應收帳款	170,000	200,000
存貨	160,000	180,000
預付費用	30,000	20,000
流動資產合計	$400,000	$450,000
長期投資	20,000	50,000
工廠及設備	1,000,000	1,100,000
減：累計折舊	550,000	600,000
資產合計	$870,000	$1,000,000
負債及股東權益		
流動負債：		
應付帳款	$45,000	$80,000
應付票據	100,000	100,000
應付費用	35,000	30,000
流動負債合計	$180,000	$210,000
長期負債：		
應付公司債	40,000	90,000
負債合計	$220,000	$300,000
股東權益：		
特別股@$100	50,000	50,000
普通股@$1	100,000	100,000
股本溢價	250,000	250,000
保留盈餘	250,000	250,000
股東權益合計	$650,000	$700,000
負債及股東權益合計	$870,000	$1,000,000

步驟一： 由淨利開始。

步驟二： 因為折舊金額,是計算淨利時之非現金減項,所以須加回,將現金餘額提高。

步驟三： 如果流動資產有增加,表示資金之使用,例如將現金用來購買存貨,所以增加之流動資產,須從現金中扣除。

步驟四： 如果流動資產有減少,表示是一項資金之來源,因為如果存貨有減少,表示有賣出商品,以換取現金,可以將減少之流動負債加回現金餘額中。

步驟五： 如果流動負債有增加,表示是一項資金之來源,因為可從債權人中借取更多之現金,所以流動負債增加可提高現金餘額。

步驟六： 如果流動負債有減少,表示資金之使用,例如償還債權人之借款,所以須減少現金餘額。

根據上述步驟,可以算出×公司之由營業活動產生之現金流量:

稅後淨利	$110,500
加:折舊	50,000
減:應收帳款之增加	(30,000)
減:存貨之增加	(20,000)
加:預付費用之減少	10,000
加:應付帳款之增加	35,000
減:應付費用之減少	(5,000)
由營業活動產生之淨現金流量	$150,500

二、 由投資活動所產生之現金流量

此部分之現金流量,主要有企業對其他發行公司的證券長期投資及對工廠及設備之投資等等。若增加投資,則現金減少,為資金之使用,若減少投資,則為資金之來源,現金增加。

所以×公司由投資活動所產生之現金流量如下:

長期證券投資增加	($30,000)
工廠及設備增加	(100,000)
投資活動所產生之淨現金流量	($130,000)

三、由理財活動所產生之現金流量

所謂理財活動包含公司債之出售或到期贖回,發行普通股、特別股及其他各項公司證券等。另外,支付現金股利,也是一項理財活動、出售證券,視為資金之來源,購買或贖回到期之證券,則為資金之用途,付股息亦是,所以×公司由理財活動所產生之現金流量如下:

應付債券之增加	$50,000
發放特別股股利	(10,500)
發放普通股股利	(50,000)
理財活動所產生之淨現金流量	($10,500)

將三部分之現金流量合併,即為×公司之現金流量表:

×公司

現金流量表

××年1月1日至12月31日

營業活動所產生的現金流量:		
稅後淨利		$110,500
折舊費用	$50,000	
應收帳款之增加	(30,000)	
存貨之增加	(20,000)	
預付費用之減少	10,000	
應付帳款之增加	35,000	
應付費用之減少	(5,000)	40,000
營業活動所產生之淨現金流量		$150,500
投資活動所產生之現金流量:		
長期證券投資之增加	$(30,000)	
工廠及設備之增加	(100,000)	
投資活動所產生淨現金流量		(130,000)
現財活動所產生之現金流量:		
應付債券之增加	$50,000	
發放特別股股利	(10,500)	
發放普通股股利	(50,000)	
現財活動所產生之淨現金流量		(10,500)
現金流量淨增加		$10,000

| 第四節 | 股東權益變動表及保留盈餘表之編製 |

1. **意義**：報導企業在特定期間，股東權益構成項目增減變動情形之動態報表。

2. **表首**：企業名稱、報表名稱、起訖時間。

   依據我國一般公認會計原則彙編之規定，在股東權益變動較少之企業，得以「保留盈餘表」取代之。

3. **格式**：如下頁。

4. **種類**

(1) 資本主權益變動表（獨資）。

(2) 合夥人權益變動表（合夥）。

(3) 股東權益變動表（公司）三種。

　　資產負債表主要表達年底股東權益之組成和內容，表示股東對企業應所有之權益，但在評估企業之股票價值上，無法提供投資人更有用之資訊，因此另有

(1) 股東權益變動表：用來解釋資產負債表內股東權益金額之組成變化，主要是股東所分配之盈餘和股利之變化情形，而股東權益變動，包含所有與股東權益有關之項目，舉例如下：

   A. 現金增資，則股本及資本公積也會增加，股東權益總額增加。

   B. 若有盈餘，則股本增加。

   C. 發放董監事酬勞及員工紅利，則未分配盈餘減少，股東權益總額也減少。

(2) 保留盈餘表：主要提供盈餘變動之資訊，而保留盈餘之餘額，與公司歷年盈餘之多寡，及股利之發放有關。

🖎 權益變動表

會計項目	普通股股本	股本合計	資本公積	法定盈餘公積	特別盈餘公積	未分配盈餘（或待彌補資料）
期初餘額	36,921,759	36,921,759	12,215,684	9,952,623	13,060,950	21
提列法定盈餘公積	0	0	0	773,482	0	
特別股票股利	0	0	0	0	0	
法定盈餘公積彌補虧損	0	0	0	0	0	
特別盈餘公積彌補虧損	0	0	0	0	0	
特別盈餘公積迴轉	0	0	0	0	-9,757	
提列特別盈餘公積	0	0	0	0	0	
普通股現金股利	0	0	0	0	0	-7
特別股現金股利	0	0	0	0	0	
普通股股票股利	0	0	0	0	0	
因合併而產生者	0	0	0	0	0	
資本公積彌補虧損	0	0	0	0	0	
資本公積配發股票股利	0	0	0	0	0	
資本公積發現金股利	0	0	0	0	0	
其他資本公積變動數	0	0	0	0	0	
因受領贈與產生者	0	0	0	0	0	

♭ 權益變動表（續）

會計項目	普通股股本	股本合計	資本公積	法定盈餘公積	特別盈餘公積	未分配盈餘（或待彌資料）
因發行可轉換公司債（特別股）認列權益組成項目－認列股權而產生者	0	0	0	0	0	
採用權益法認列之關聯企業及合資之變動數	0	0	440	0	0	
本期淨利（淨損）	0	0	0	0	0	10
本期其他綜合損益	0	0	0	0	0	
本期綜合損益總額	0	0	0	0	0	10
現金增資	0	0	0	0	0	
現金減資	0	0	0	0	0	
減資彌補虧損	0	0	0	0	0	
分割減資	0	0	0	0	0	
合併發行新股	0	0	0	0	0	
組織重組	0	0	0	0	0	
可轉換公司債轉換	0	0	0	0	0	
債券換股權利證書轉換	0	0	0	0	0	
可轉換特別股轉換	0	0	0	0	0	
特別股發行	0	0	0	0	0	

⤷ 權益變動表（續）

會計項目	普通股股本	股本合計	資本公積	法定盈餘公積	特別盈餘公積	未分配盈餘（或待彌補資料）
贖回特別股	0	0	0	0	0	
普通股發行－其他	0	0	0	0	0	
庫藏股買回	0	0	0	0	0	
庫藏股註銷	0	0	0	0	0	
子公司購入母公司之股票視為庫藏股票	0	0	0	0	0	
子公司處分母公司股票視同庫藏股交易	0	0	0	0	0	
發放子子公司股利調整資本公積	0	0	0	0	0	
處分採用權益法之投資	0	0	0	0	0	
取得或處分子公司股權價格與帳面價值差額	0	0	-22,827	0	0	
股份基礎給付	0	0	0	0	0	
非控制權益增減	0	0	0	0	0	
預付特別股建設股息增減	0	0	0	0	0	
其他	0	0	0	0	0	
權益增加（減少）總額	0	0	-22,387	773,482	-9,757	2
期末餘額	36,921,759	36,921,759	12,193,297	10,726,105	13,051,193	23

權益變動表（續）

會計項目	普通股股本	股本合計	資本公積	法定盈餘公積	特別盈餘公積	未分配盈餘（或待彌補資料）
期初餘額	36,921,759	36,921,759	12,192,857	9,090,640	13,163,791	20
提列法定盈餘公積	0	0	0	861,983		
特別股股票股利	0	0	0	0	0	
法定盈餘公積彌補虧損	0	0	0	0	0	
特別盈餘公積彌補虧損	0	0	0	0	0	
特別盈餘公積迴轉	0	0	0	0	-102,841	
提列特別盈餘公積	0	0	0	0	0	
普通股現金股利	0	0	0	0	0	-7
特別股現金股利	0	0	0	0	0	
普通股股票股利	0	0	0	0	0	
因合併而產生者	0	0	0	0	0	
資本公積彌補虧損	0	0	0	0	0	
資本公積配發股票股利	0	0	0	0	0	
資本公積配發現金股利	0	0	0	0	0	
其他資本公積變動數	0	0	0	0	0	
因受領贈與產生者	0	0	0	0	0	

權益變動表（續）

會計項目	普通股股本	股本合計	資本公積	法定盈餘公積	特別盈餘公積	未分配盈餘（或待彌補資料）
因發行可轉換公司債（特別股）認列權益組成項目－認股權而產生者	0	0	0	0	0	
採用權益法認列之關聯企業及合資之變動數	0	0	0	0	0	
本期淨利（淨損）	0	0	0	0	0	7
本期其他綜合損益	0	0	0	0	0	
本期綜合損益總額	0	0	0	0	0	7
現金增資	0	0	0	0	0	
現金減資	0	0	0	0	0	
減資彌補虧損	0	0	0	0	0	
分割減資	0	0	0	0	0	
合併發行新股	0	0	0	0	0	
組織重組	0	0	0	0	0	
可轉換公司債轉換	0	0	0	0	0	
債券換股權利證書轉換	0	0	0	0	0	
可轉換特別股轉換	0	0	0	0	0	
特別股發行	0	0	0	0	0	

權益變動表（續）

會計項目	普通股股本	股本合計	資本公積	法定盈餘公積	特別盈餘公積	未分配盈餘（或待彌補資料）
贈回特別股	0	0	0	0	0	
普通股發行－其他	0	0	0	0	0	
庫藏股買回	0	0	0	0	0	
庫藏股註銷	0	0	0	0	0	
子公司購入母公司之股票視為庫藏股票	0	0	0	0	0	
子公司處分母公司股票視同庫藏股交易	0	0	0	0	0	
發放子子公司利調整資本公積	0	0	0	0	0	
處分採用權益法之投資	0	0	0	0	0	
取得或處分子公司股權價格與帳面價值差額	0	0	22,827	0	0	
股份基礎給付	0	0	0	0	0	
非控制權益增減	0	0	0	0	0	
預付特別股建設股息增減	0	0	0	0	0	
其他	0	0	0	0	0	
權益增加（減少）總額	0	0	22,827	861,983	-102,841	
期末餘額	36,921,759	36,921,759	12,215,684	9,952,623	13,060,950	21

A 股份有限公司

××1 年及××2 年 1 月 1 日至 12 月 31 日

股東權益變動表

單位：千元

	股本	資本公積	法定盈餘公積	未分配盈餘	合計
××1 年 1 月 1 日期初餘額					
盈餘指撥及分配：					
法定盈餘公積					
××1 年度淨利					
××1 年 12 月 31 日餘額					
盈餘指撥及分配：					
法定盈餘公積					
股票股利					
現金股利					
董監酬勞					
員工紅利					
××2 年度淨利					
××2 年 12 月 31 日餘額					

A 股份有限公司

××2 年 1 月 1 日至 12 月 31 日

保留盈餘表

單位：千元

××2 年稅後淨利	
前期損益調整	
減：法定盈餘公積	
減：特別盈餘公積	
××2 年可供分配盈餘	
加：以前年度未分配盈餘	
可供分配盈餘總額	
分配項目：	
董事及監察人酬勞	
員工紅利	
股東紅利－股票	
股東紅利－現金	
分配項目合計	
期末未分配盈餘	

財務報表間之相互關係（圖 3-3）：

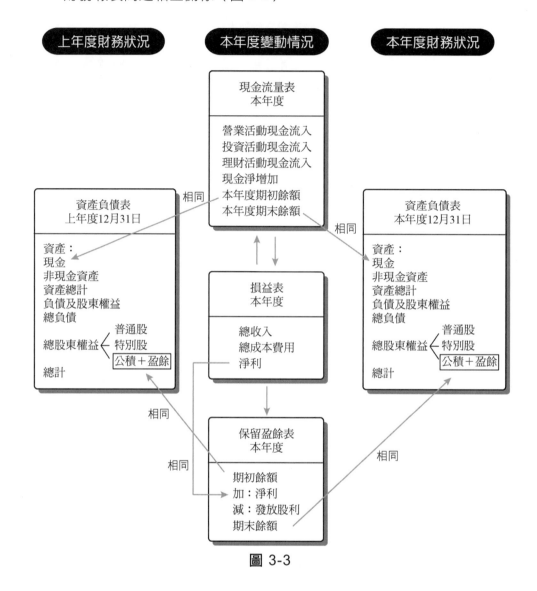

圖 3-3

習題

一、選擇題

( )1. 下列何者非屬投資活動之現金流量？ (A)購買設備 (B)貸款予其他企業 (C)投資股票之股利收入 (D)收回對其他企業之貨款。

( )2. 處分土地乙筆，成本$3,500，處分利益$500，則應於投資活動項下列入現金流入？ (A)$3,000 (B)$1,000 (C)$4,000 (D)$0。

( )3. 企業收回借出的款項，應列為現金流量表上的哪一個項目？ (A)融資活動之現金流入 (B)投資活動之現金流入 (C)融資活動之現金流出 (D)投資活動之現金流出。

( )4. 企業出售無形資產所得的收入，應列為現金流量表上的哪一個項目？ (A)營業活動的現金流入 (B)投資活動的現金流入 (C)融資活動的現金流入 (D)其他調整項目。

( )5. 償還短期借款，應列為何種活動之現金流出？ (A)營業活動 (B)投資活動 (C)融資活動 (D)其他活動。

( )6. 現金流量表本身通常不會列示下列哪一項目？ (A)股票溢價發行 (B)支付現金股利 (C)發放股票股利 (D)股票買回及註銷。

( )7. 下列何項在現金流量表中屬於投資活動？ (A)收到現金股利 (B)發行長期債券 (C)借錢給其他企業 (D)買回庫藏股票。

( )8. 下列何者不屬於主要財務報表之一部分？ (A)損益表 (B)現金流量表 (C)財務狀況變動表 (D)附註。

二、編表題

1. A 公司第 3 年底各帳戶餘額如下：

現金	$50,000	應收票據	$30,000
存貨	200,000	應付票據	20,000
股本(@100)	1,000,000	應收帳款	20,000
設備	105,000	應付帳款	80,000
短期借款	200,000	長期抵押借款	500,000
土地	200,000	累計折舊－設備	5,000
累積虧損	200,000	累計折舊－建築物	12,000
建築物	1,012,000		

試依據上資料編製該公司第 3 年底之資產負債表。

2. B 商店第 3 年底結帳後各實帳戶之餘額如下：

應收帳款	$100,000	備抵呆帳（貸）	$2,400
應收佣金	2,500	累計折舊－運輸設備	36,000
銀行存款	180,000	應付票據	120,000
現金	205,000	應付帳款	80,000
存貨	48,000	應付水電費	7,500
預付廣告費	9,000	長期借款	150,000
土地	900,000	長期抵押借款	140,000
運輸設備	300,000	暫收款	2,300
存出保證金	30,000	代收款	3,200
暫付款	10,000	業主資本	1,500,000
本期損益（借）	416,900	業主往來（貸）	160,000

試作：

(1) 列式計算該店本年度之：
　　(A)流動資產(B)固定資產(C)其他資產
　　(D)流動負債(E)長期負債(F)其他負債
　　(G)業主權益總額

(2) 編製該店第 3 年底帳戶式資產負債表。

3. 試計算下列未知數：

C 商店

損益表

第 2 年度

銷貨淨額			
銷貨		$95,000	
減：銷貨退回		(　(A)　)	$94,800
銷貨成本			
存貨（初）		$4,100	
進貨	(　(B)　)		
減：進貨折讓	300	60,000	
商品總額		(　(C)　)	
減：存貨（末）		(　(D)　)	62,100
銷貨毛利			(　(E)　)
營業費用			
薪工津貼		$7,000	
呆帳		450	
文具用品		320	
折舊		650	
雜費		50	(　(F)　)
營業淨利			(　(G)　)
加：營業外收入			
租金收入		$1,540	
利息收入		(　(H)　)	2,040
稅前淨利			(　(I)　)
減：所得稅費用			5,270
稅後淨利			(　(J)　)

4. D 商店第 2 年度相關之分類帳戶餘額如下：

薪工津貼	$180,000	租金收入	$80,000
佣金支出	19,430	存貨(12/31)	124,000
修繕費	38,000	銷貨退回	5,620
呆帳損失	12,800	進貨折讓	3,000
存貨(1/1)	142,000	文具印刷	16,000
銷　貨	7,945,000	利息收入	151,650
進　貨	7,650,000	折舊	15,000
雜　費	25,800	投資損失	15,600
廣告費	35,000	利息費用	12,400

試作：

(1) 列式計算該店本年度之：

(A)銷貨淨額　(B)銷貨成本　(C)銷貨毛利

(D)營業損益　(E)稅前淨利　(F)稅後淨利

(2) 編製該店第 2 年度報告式損益表（所得稅率假設為 20%）。

5. **請依本章之程序，編製 Y 公司之現金流量表**。

Y 公司
損益表
1X5 年度

銷貨	$3,300,000
銷貨成本	1,950,000
銷貨毛利	$1,350,000
管銷費用	650,000
折舊	230,000
營業利益	$470,000
利息費用	80,000
稅前淨利	$390,000
所得稅	140,000
稅後淨利	250,000
特別股股利	10,000
普通股股東可享盈餘	$240,000
流通在外股數	150,000
每股盈餘	$1.60

Y 公司
保留盈餘分配表
1X5 年度

期初餘額	$800,000
加：普通股股東可享盈餘	240,000
減：發放現金股利（普通股）	140,000
期末餘額	$900,000

Y 公司
比較資產負債表

	1X4 年底	1X5 年底
資產		
流動資產		
現金	$100,000	$120,000
應收帳款	500,000	510,000
存貨	610,000	640,000
預付費用	60,000	30,000
流動資產合計	$1,127,000	$1,300,000
投資（長期證券）	90,000	80,000
工廠及設備	2,000,000	2,600,000
減：累計折舊	1,000,000	1,230,000
工廠及設備淨額	1,000,000	1,370,000
資產總計	$2,360,000	$2,750,000
負債及股東權益		
流動負債：		
應付帳款	$300,000	$550,000
應付票據	500,000	500,000
應付費用	70,000	50,000
流動負債合計	$870,000	$1,100,000
長期負債：		
應付公司債（1X3 年到期）	100,000	160,000
負債合計	$970,000	$1,126,000
股東權益：		
特別股@$100	90,000	90,000
普通股@$ 1	150,000	150,000
股本溢價	350,000	350,000
保留盈盈餘	800,000	900,000
股東權益合計	$1,390,000	$1,490,000
負債及股東權益合計	2,360,000	2,750,000

FINANCIAL STATEMENT
ANALYSIS

CHAPTER

04

如何看懂財務報表

第一節　如何看懂資產負債表

一、資產類

1. **流動資產**：是企業營運當中變化最頻繁的項目，也是上市公司最容易在財務報表上作手腳的地方，所以要小心檢視。

(1) 現金：流動性最大，報酬率最低的項目，但現金若不足時，企業可能會發生週轉不靈，嚴重者甚至會面臨倒閉的危機，不誠信的企業管理者，最可能也最容易挪用的項目也是現金，所以當企業現金餘額幅度大幅降低時，必須立即查明原因並對照現金流量表，確認現金用途；反之，若現金餘額太高，表示不會善加利用，也是一種無效率的表現。

(2) 金融資產：企業在金融市場中，投資其他企業的股票、債券或是共同基金的行為，大多數績優公司多半購買固定收益的債券相關產品，因為金融資產若過度著重在高風險資產上，容易造成企業財務狀況不穩定。

(3) 應收帳款與票據：因為營業行為而發生的債權，若客戶以票據作為付款憑據，稱為應收票據，若未收到任何憑據，則稱為應收帳款，既然是在未來才會收到現金，就會存在不確定性，所以公司會利用提列應收帳款的壞帳損失來操縱，如果收帳對象是財務狀況不健康的，但公司卻提列小額的呆帳，則須特別注意，若有塞貨情況，可從帳款收現情形，是否與營收成正比來決定，因為如果是期末塞貨，收款天數一定會拉長，如此一來，帳款收現情形會與營業收入增加金額脫節，所以這兩個項目與損益表的營業收入有關，而應收帳款的往來對象、金額、週轉頻率及呆帳的提列，都需特別注意，如果應收帳款持續增加，且過度集中，就有可能是個異常現象，如果是關係人且欠錢不還，則有可能是假銷貨，真入帳，有作假帳的情形。

(4) 存貨：存貨是公司獲利的來源，但過多存貨不但積壓資金，影響週轉，且會增加利息及倉儲費用，若儲存過久，則亦出現過時、陳舊、自然耗損，會造成「存貨跌價損失」，所以分析存貨時須注意：

A. 存貨週轉天數是否太長？一般而言，天數越短的公司多半有較高的經營效率。

B. 是否已出現跌價損失？

C. 是否有寄存於代理商，卻把它認為存貨，虛增業績？

2. **長期投資**：金融資產若有虧損，必須在當期損益表中認列損失，但長期投資若有跌價損失，卻可跳過損益表，也就是不影響當期淨利，直接在資產負債表的股東權益中，當成減項即可。所以，長期投資成為許多上市上櫃公司，財務透明度大幅降低的主因，尤其是長期投資餘額，若占公司總資產超過三成以上，就須特別注意財務透明的問題。

而長期投資的收益，屬於損益表的營業外收入，所以長期投資占總資產的比重越高者，其業外收入的重要性會遠高於本業的營業利益，如此則易形成財務大黑洞，許多地雷股再爆發前，都會發生長期投資金額不斷增加，損益表上持續出現業外虧損，很容易爆發資產被掏空事件。

3. **固定資產**：對於固定資產，財務分析的重點有下列幾項：

(1) 整體金額變化：固定資產金額若大幅下降，可能是經營上一大警訊，因為一家公司業績要大幅成長，一定得投入更多機器設備，不然也必須盡可能提升產能利用率，讓機器運轉效能接近滿載。

(2) 重大特殊交易：固定資產交易金額都很大，若交易價格明顯大於市價，對象又是關係人，很可能有利益輸送，最後多以下市收場。

(3) 資產價值是否真實？因為固定資產占淨值的比率不低，所以固定資產虛增，也會造成淨值虛增，最典型的例子，是把土地的融資利息，算入土地的成本當中，結果土地擺的越久，帳面價值高，甚至高於市價，造成固定資產及淨值虛增。

(4) 資本密集產業，需特別密切注意固定資產的變化，例如：鋼鐵、石化、半導體製造、封測、面板廠等等，需投入大量資金，購買高價的固定資產，所以固定資產會占總資產比重很大，分析這些產業時，固定資產是重要的觀察指標。

4. **無形資產及其他資產：**無形資產在股價、財務、融資與併購上，都可為企業提供正面的效益，無形資產豐厚的公司，擁有更多的研發及生產技術能力，可以提升公司的競爭力及投資價值，但因為無形資產，並無實質形體，價值認定上有很大爭議，稍有不慎，可能會虛增價值，所以在分析時應多加判斷。

其他資產，包含所有無法歸類到各類資產的零星項目，一般而言，若其他資產占總資產兩成以上，則需提高警覺，因為公司的主要資產不拿來營業，總是有負面影響。

二、負債類

負債依照是否須在一年內清償，區分成流動負債及長期負債，流動負債多因日常營業活動而產生，而長期負債提供穩定而長期現金流入，用以滿足長期投資，或購置固定資產等長期資金需求，安全性高於流動負債，所以財務分析的重點在流動負債，若流動負債高於流動資產，經常為投資大眾砍股的指標，因為若當總體經濟景氣變差時，負債比重較高，或流動負債償債能力有疑慮的公司，很可能碰上銀行雨天收傘的情形，再加上很多公司信用不佳，無法取得長期融資，會以連續性的短期借款來支應，並以借短期新債來償還短期舊債，這種做法叫「以短支長」，很容易出現週轉不靈，所以適當的負債有助企業營運，但負債不宜太高，以免負債大於資產，而會導致破產。

從資產負債表當中，我們也可以來分析財務結構(financial structure)，是以資本結構為基礎，就資產負債及淨值內涵的各項因素為評估的基本資料，或測驗其財務力量，提供企業管理者做決策之依據，財務結構顯示企業所運用之債務與股本數量，亦即使用權益與負債之考量，其主要是考慮負債利益與負債成本，如果借款之邊際利益(marginal benefit)大於邊際成本(marginal cost)，企業可以增加借款（即舉債），否則應使用權益，現將舉債之優缺點分析如下：

1. 舉債之優點

(1) 租稅利益

因為高稅率下借款，可以享受高租稅利益。

(2) 強化管理

因為負債必須償還，所以必須強化內部管理，亦即管理者與股東之分隔越大，利益越高。

(3) 財務槓桿作用

企業運用借入資金所獲得之投資報酬率，高於借款利率時，其剩餘即歸股東所有，經此運用可以增加股東權益報酬率。

2. 舉債之缺點

(1) 破產成本

債務越高，企業風險越高，舉債成本也高。

(2) 代理成本

股東與債權人之區分越明顯，成本亦越高。

(3) 未來財務彈性(financial flexibility)之喪失

對未來財務需求之不確定性越高，成本越高，所謂財務彈性是指企業運用其財務資源，以因應環境變動之能力，因突發之現金需求增加或現金流入減少而採取有效行動，以改變其現金流量的數額及時間的能力，也就是說，財務彈性式的企業遭遇任何偶發事件或非預期之時機時，能運用手中現金及超額負債能力，以度過難關之能力。所以財務彈性之來源有：

A. 資產之流動性。

B. 由營業活動產生之淨現金流入能力。

C. 由投資人及債權人取得長期資金之能力。

D. 在不影響正常營運之情況下，變賣資產取得現金之能力。

綜上所述，我們可以將影響財務結構之因素歸類為下列幾項：

1. 營業收入成長

預期未來營業成長，將會反映企業未來每股盈餘之能力。

如銷貨與盈餘，每年成長 10%~15%，透過舉債經營，且以有限的金額支付利息，可以使股東享有更高之股東報酬，若此時普通股市場價格走高，有利於發行股票籌措資金。

銷售穩定性高，可採高財務槓桿；銷售穩定性低，可採低財務槓桿。

快速成長之企業可以舉債。

2. 現金流量穩定

現金流量之穩定性與債務比率間存在直接之關係，銷售與營業利益越穩定，越有能力清償債務，舉債風險越低。

企業若有營業現金流量不穩定，就不能輕易舉債，會加重固定利息支付的負擔。

3. 產業特性

除了銷貨成長外，償債能力亦取決於獲利能力，所以利潤率之穩定性與銷貨成長之穩定性同樣重要。

如果產業處於類似完全競爭市場之環境中，任何企業容易進出該市場，或任何企業容易擴張產能，新的競爭者容易加入戰局，分食利潤，利潤率會降低。

高度成長之企業，可以有較高之利潤率，但若無法有高門檻來阻止新的競爭者進入的話，利潤會被瓜分。

4. 資產結構

資產結構會影響資本籌措方式，因為企業一般來說，使用資產的期限都很長，若產品之銷售沒問題的話，通常會使用不動產抵押來做擔保，發行長期債務，反之若企業之資產主要是應收帳款與存貨，這些資產之價值取決於個別企業產品獲利之持續性，缺乏長期擔保品，較難發行長期債務，一般說來，高額不動產舉債較高，技術研發舉債較少。

5. 經營者心態

經營者對於企業控制權與風險之考量，影響資本之融通方式，因為大型企業股票分散，通常會考慮增資以發行股票，所以不需擔心控股權問題而小型企業股票集中，比較不會發行普通股，會讓企業之獲利集中於少數股東，當然也有相反之情形，小型企業以現金增資，或發行公司債來籌資，但也會造成風險提高。

6. 貸款者心態

貸款者之心態也會影響財務結構，若企業之債務比率提高，企業破產之可能性增加，如果此時，企業決定舉債經營，負債比率超過同業水準，貸款者恐怕無法接受，另外，超額債務也會造成借款者之債信降低，亦會影響過去債務之信用。

除此之外，下列因素也會影響財務結構之不當：

1. **投資方面**：例如投資過度或過速。

2. **資本方面**：例如自有資本不足，保留盈餘太少，或是年年虧損。

3. **資金方面**：例如資金配置不當，缺乏資金規畫力，或缺乏長期資金預算。

4. **債務方面**：長期或短期債務過多，都有可能會造成財務結構不當。

所以，資產負債表所顯示之資源分配情形及對資源之請求權，有助於企業對財務彈性之評估。

另外亦可分析資本結構(capital structure)，企業資產與負債淨值，各組成因素間之比率，與其業務之關係，可以判斷資本結構之情況，以了解企業資金是否雄厚。

第二節　如何看懂損益表

一、營業收入

是創造盈餘的基礎，也是所有的財務報表數字中更新頻率最高，最關鍵的數字，投資人可透過營業收入的變化，看出公司成長力道，更可推估景氣之變化，有些公司為了表現當期之營業收入亮麗，會在年中或年終結束前，塞貨給國內外子公司或經銷商，製造營業收入成長之假象，通常營業收入在期末不正常的增加，也會造成應收帳款大增。由於銷貨是在期末大量增加，因此應收帳款也會在期末大量增加，應收帳款週轉率（＝營業收入淨額／應收帳款）會變的比較低，事實上，如果出現塞貨的情況，這些應收帳款是應該收不回來的，所以要辨別公司是否有利用塞貨來提升銷貨的狀況，可從應收帳款週轉率是否有不正常降低來判斷，而分析營業收入，首先須注意：

1. 來源

在收入來源分析上，我們須知營業收入的組成包含了：

(1) 主力產品有哪些？是當紅的產品？還是快被取代的產品？

(2) 銷售到哪些區域？是日本，中國大陸還是歐美？除了了解產品的定位，也可搭配各大區域的經濟成長率，推敲產品的可能發展空間。

(3) 主要客戶是誰？能和知名大廠合作最好，至少收款不成問題，如果出貨對象是關係企業，且又過度集中前五大客戶，則可能會有塞貨情況發生，得特別注意了。

2. 穩定性及成長趨勢

如果營業收入波動幅度太大，則可能是產業特性或人為介入，不管是何種原因，參考分析的價值都不大。

另外，有些企業為了讓期末營業收入淨額呈現亮麗的數字，會將一些在當期發生的銷貨退回延後表示，讓當期的銷貨退回減少，營業收入淨額增加，一般而言，如果企業刻意隱瞞銷貨退回之情況，通常銷貨退回與折讓所占之比率會不尋常，一般可從近幾期財報中，銷貨退回與折讓占營業收入之比例看出端倪，只要該比例出現異常現象，顯示企業由操縱營業收入之意圖，另外銷貨折讓之數字是否合理，則可以拿市場上同業之折讓情況做比較，差距太大通常表示有問題。

二、營業成本

又叫銷貨成本，指為了銷售產品所產生的直接原料，直接人工及製造費用，所以分析營業成本，可以知道這家企業是資本密集還是勞力密集的企業，一般而言，營業成本代表企業生產的控制能力，若營業成本不斷攀升，代表這家企業的獲利能力不斷下降，只要控制營業成本在較低的金額，那麼企業之當期損益就會有較好的成績，特別是營業成本當中包含原料成本，人工成本及製造費用，只要原料存貨評價有偏差，或者改變折舊的方式都有可能操縱營業成本，由於折舊方法的選擇，或折舊期間的長短，會影響折舊費用的多寡，對於製造業來說，尤其是資本密集的產業，屬於固定資產的機器設備價格都很高，只要折舊期間改變，例如加速折舊法改成直線法提折舊，那麼當期折舊金額將有很大的改變。

折舊方式的改變屬於會計原則變動，一般在財務報表的附註上可查到企業改變折舊方法之理由，但企業提出之理由是否合理應作為判斷之依據。

三、營業毛利

營業毛利＝營業收入－營業成本，是反映公司衝刺業績及反映生產管理成本控制的成果，一般而言，毛利的高低會受景氣的影響，景氣好，毛利上揚；景氣不好，毛利萎縮，另外，營業收入增加，營業成本也會增加，但兩者誰增加的速度較快，就會決定毛利增加還是減少，所以，我們會以營業毛利除以營業收入，所得之營業毛利率(gross profit margin)，又叫毛利率，可以觀察其變化率，值得注意的是，一定是相同產業，且是主要產品接近，比較毛利率才有意義。

四、營業費用

又叫間接成本，即是所有無法直接確認和產品的生產銷售有關，即屬於營業費用，營業費用的控制能力，可以顯示公司管理階層的管理能力，一般會有下面這些情況，造成營業費用大增：

1. 公司組織過於龐大，導致效率低落。

2. 公司為擴大市占率或知名度，大打廣告。

3. 公司研發新產品，必須投入大量人力、物力。

而企業會利用營業成本與營業費用之認定的機會，刻意影響毛利率，方法如下：

1. 調整營業費用與營業成本之項目。

2. 將業外收入轉成業內收入。

另外，從營業費用占營業收入比重的穩定性，可以看出企業是否有刻意操縱損益的企圖，一般來說，營業費用的變動不會太大，如果企業並非研發費用，而有特別的支出，才導致營業費用占營業收入比重有較大之變化，那麼就要小心企業是否有拿營業費用作文章之可能性。對於高科技企業來說，研究發展費用都相當龐大，事實上，研發費用是高科技企業賴以維生的資源，高額的研發費用有時候是判斷企業未來基礎，不過，為防止企業浮報研發費用，一般可以分析財務報表之附註，以了解企業當年度在產品開發上之進展。

五、營業利益

營業利益,代表本業上的獲利結果,這是非常重要的,若一家公司都是靠營業外收入,則這家公司不投資也罷,而為了預防毛利率作假,也可觀察營業利益率,即是把營業利益除以營業收入,簡稱營益率,可和毛利率一同比對。

六、營業外收入

又叫其他收入或非營業收入,指非因企業主要營業活動而獲得之收入,所以有些企業為美化帳面,尤其當本業虧損連連時,經常會出售長期投資給關係人,增加營業外收入,讓本期淨利好看,因為,未上市股票並沒有明確之市價可以評估,如果企業要灌水,可以用高價將未上市股票賣給關係企業,然後認列高額之投資利益,另外,為了增加盈餘,用高價賣出資產給關係人,也是企業操縱手法之一,這些都可在財務報表中之關係人交易,看出端倪,特別是企業在本業表現不佳之年度,如果有異常出售長期投資或資產時,需特別注意。

七、營業外費用

是指非因主要營業活動所發生之費用,有些企業為了操縱當期損益,會在營業外支出動手腳,所以可將當期營業外支出與前期報表及同業做比較,如有不合理之差異現象,需特別留意,另外需特別注意利息費用部分,可以拿企業之銀行存款做對照,如果利息費用相對於銀行存款之金額不合理,那可能是問題所在,至於在兌換損失方面,可以在附註看出企業是否為避險目的操作衍生性金融商品,如果不是避險目的,那麼兌換損失之產生,有可能是企業不務正業之結果。

第三節　如何看懂股東權益變動表

一家企業之資產減去負債,剩餘的就是淨值,也就是股東權益,只要企業拿資產償還負債後之剩餘價值,仍為正值的話,那麼這些剩餘價值都屬於股東,至於股東權益是增加還是減少,可由下列公式觀察之。

上期股東權益餘額－盈餘指撥及分配＋現金增資－長期股權跌價損失＋本期淨利＝本期股東權益餘額

如果期末餘額增加，代表股東權益更有保障；反之若減少，則股東權益自然受損，不過，情況並不必然如此，如果股東權益之金額變高，是來自現金增資，但企業再增資後又沒有好好規劃，這樣絕對金額之增加並不好，甚至有可能會稀釋股東權益，所以除了觀察期末餘額之變化外，企業之股利政策與增資計畫都須留意，下列是幾項重點：

一、股本

包含特別股股本、普通股股本、已認購股本及應分配股利，一般在台股中，股本超過 100 億元是大型股，前五十大市值股可為代表，均屬於各產業的龍頭廠商，20 億以下是小型股，多屬新掛牌公司，每股盈餘易大幅變動，中型股屬 50 億上下。一般而言，股本大，代表公司自有資本較多，較能抵抗景氣波動，但若股本膨脹速度過快，獲利成長跟不上股利膨脹的公司，表示新增的股本，並未有效運用，且每股盈餘會被稀釋，最好敬而遠之，至於，要籌措股本，是要發行股權以籌資或舉債來籌資，以下我們來分析其利弊得失：

1. 發行股權籌資評估

(1) 發行股權籌資：其主要發行成本是總募集金額。

A. 優點

a. 改善財務結構，降低財務風險，提升市場競爭力。

b. 一般投資者接受程度高，因為是資本市場最普通之金融商品，所以資金募集較順利。

c. 員工依法得優先認購，成為企業股東之一分子，可提升員工對企業之向心力。

d. 無到期日，所以沒有面對到期還本之資金壓力需求。

B. 缺點

a. 獲利水準易因股本膨脹而被稀釋，致使企業經營者承受較大之壓力。

　　b. 對於股權較不集中之企業，對其股東之經營權之穩定有影響。

　　c. 股利無節稅效果。

(2) 海外存託憑證(GDR or ADR)：所謂存託憑證(depository receipt)是指國內發行公司，委託國外投資銀行，在國外證券市場，發行可表彰國內股票之一種證券，投資人持有 DR，好似間接持有股票，所以若在國際主要交易所掛牌，稱為全球存託憑證（Global Depository Receipt，簡稱 GDR），若只在美國掛牌，成為美國存託憑證 ADR。其發行成本主要有承銷手續費、律師公費、會計師公費、海外巡迴說明費等等。

　　A. 優點

　　　　a. 借由海外市場募集資金，提高發行企業海外知名度。

　　　　b. 其發行價格一般是相當於普通股之溢價發行，所以可募集較多資金，增加其權益資金之來源。

　　　　c. 募集對象主要是國外法人，有利開拓國外市場。

　　　　d. 提高自有資本，改善財務結構，增加國內投資人之信心。

　　B. 缺點

　　　　a. 企業之國際知名度及其產業成長性，將影響資金募集之計畫成功與否。

　　　　b. 固定發行成本較高，為符合規模經濟，募集資金額度不宜過低。

　　　　c. 獲利水準易因股本膨脹被稀釋，致企業經營階層承受較大之壓力。

2. 舉債籌資評估

　　銀行借款或發行銀行承兌匯票，其主要發行成本為利息費用。

(1) 優點：

　　A. 資金籌措不須經主管機關審核，所需時間較短。

　　B. 資金挹注能暫時支應企業資金需求。

　　C. 若有效運用財務槓桿，企業可以以較低之成本創造較高之利潤。

　　D. 利息有節稅效果。

(2) 缺點：

    A. 利息支出負擔沉重，使負債增加而侵蝕企業獲利。

    B. 負債增加易造成結構惡化，增加營運風險，相對亦增加企業舉債困難度及資金成本。

    C. 融通期限較短，且須提供大量擔保品設定與銀行。

    D. 長期投資與固定資產投資不宜以銀行短期借款支應。

二、董監事持股

　　董監事持股較高的公司，表示大股東願分享公司的經營成果，一般來説，當股本超過 20 億元時，董監事持股會趨向穩定，可以觀察董監事持股與股價走勢的關聯，有些公司董監事持股不高，又把這些僅有持股，拿去銀行質押，等於是把投資公司的錢，又變相取回，這種低持股，高質押的公司董監事，很容易掏空公司的資產，這類公司最好少碰為妙。

三、資本公積

　　資本公積之產生，主要來自於企業剛成立時，或是企業營運後之現金增資繳款，股東如果已超過 10 元面額來認購，溢價之部分則轉為資本公積，另外還有資產重估增值，庫藏股交易之損益，長期投資按權益法認列之調整數，以及發放股票股利時，由資本公積轉增資為股本，這些都會影響資本公積。但最後以股票股利轉為股本之方法，證交法規定，每年以一次即一定比率為限。

　　現金增資所產生之資本公積，可以看出溢價程度，相關發行成本之能力，如果企業長年虧損，可以透過資本公積彌補虧損。

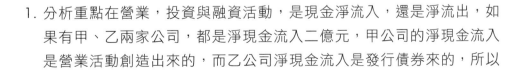

第四節　如何看懂現金流量表

1. 分析重點在營業，投資與融資活動，是現金淨流入，還是淨流出，如果有甲、乙兩家公司，都是淨現金流入二億元，甲公司的淨現金流入是營業活動創造出來的，而乙公司淨現金流入是發行債券來的，所以

乙公司就算短期不會倒閉，但財務狀況卻不如甲公司。一家常年虧損的公司，損益表上都是虧損紅字，最後倒閉，叫做赤字倒閉，如果損益表仍獲利，但因週轉不靈而倒閉，叫黑字倒閉，所以現金流量表最好和損益表一同分析，例如：

(1) 損益表有獲利，現金流量表的營業活動呈淨現金流入，是最理想的狀態。

(2) 損益表有獲利，現金流量表的營業活動呈淨現金流出，此表示有獲利但缺錢，可能是應收帳款天數過長，收回資金轉慢，或是存貨積壓。

(3) 損益表有虧損，現金流量表的營業活動呈淨現金流入，此表示過去大舉進行資本支出，現在開始現金流入。

(4) 最壞的情況是，損益表有虧損，且現金流量表的營業活動又呈現淨現金流出。

2. 現金流量表也可和資產負債表交叉比較，可以更客觀評估企業的償債能力與獲利能力，例如：

(1) 現金流量比率＝營業活動淨現金流量÷流動負債
用來衡量營業活動淨現金流量支付短期負債之能力，一般而言，超過40%是較理想，可分成：

　A. 流動現金負債保障比率(current cash debt coverage ratio)＝營業活動淨現金流入÷流動負債
此比率用來衡量由營業活動產生之資金，能夠償付流動負債之倍數，表示企業在正常營運之下，償還流動負債之能力，比率越高，表示流動性越強。

　B. 現金負債保障比率(cash debt coverage ratio)＝營業活動淨現金流入÷負債總額
此比率用來衡量由營業活動產生之資金，能夠償付所有負債之倍數關係，若企業具有此一能力，則償債能力非常強，因為連長期負債都能償還。

(2) 現金再投資比率(cash flow reinvestment ratio)＝（營業活動現金流量－現金股利）÷（固定資產＋長期投資＋其他資產＋營運資金＋無形資產）
是衡量重置資產及經營成長所需，而將營業產生之資金於扣除現金股利後，保留於公司再投資於資產之比率。最好在 8~10%以上，數值

越高表示資金越充裕，企業想要擴大生產規模，創造未來獲利的能力
越強，不必藉由舉債或增資方式籌措資金。

(3) 現金比率(cash ratio)＝（現金＋約當現金＋金融資產）÷流動資產
計算現金比率，可了解流動資產變現之品質，非現金之流動資產，例
如應收帳款、存貨等，再變現時難免有變現損失，因此現金比率越高，
變現損失越低，對短期債權較有保障，但現金比率亦不宜太高，以免
資源閒置或浪費。

(4) 現金對流動負債比率：即是把現金比率之分母改成流動負債，主要是
衡量短期償債之品質，而且比流動比率或速動比率更嚴格，因為清償
債務時，若缺少現金，則易引爆財務危機。

(5) 每股現金流量(cash flow per share)＝（營業活動淨現金流量－特別股
股利）÷普通股平均流通在外股數
此比率是指企業在維持期初現金存量下，能夠發放給普通股股東的每
股現金股利之最高金額，若有剩餘還能清償負債。

(6) 現金流量適合率(cash flow adequacy ratio)＝最近五年營業活動淨現
金流量÷最近五年之（資本支出＋存貨增加額＋現金股利）
其中，資本支出是指每年的資本投資現金流出數，存貨增加額是指期
末餘額大於期初餘額之數，若期末存貨減少，則以零計算，現金股利
則包含付給普通股及特別股股東之股利，此比率若大於一，則表示營
業活動所產生之淨現金流量，足以支付上述三項之支出；若小於一，
則表示須另籌財源，才夠支付。比率越高，表示長期資本支付能力越
強，若越低，可能需要向外借錢，來彌補資金缺口，一般而言，超過
100%較理想。此比率是衡量營業產生之現金流量，是否足夠反應企
業之資本支出，存貨投資與股利發放，通常以 5 年平均數為基準來衡
量，以避免受單一年度異常因素影響。

(7) 自由現金流量(free cash flow)＝營業活動淨現金流量－現金股利－資
本支出
由公式可知，自由現金流量顯示企業不需要另外舉債來購買資本設備
及支付現金股利，若有餘額，可顯示有多少自由現金可以用來償還債
務，金融資產等其他用途，所以自由現金流量除了可用來衡量企業是
否有足夠之現金用來支持企業之擴張成長外，也可顯示企業財務運用

上之彈性，一般說來，企業盈餘之增加與自由現金之流量增加成正比，若有異常變動之現象，需進一步探究產生異常之原因，如正在加速成長之企業，可能在某一時期需要大量的設備投資，資本支出大增，會使有盈餘之年度，出現負的自由現金流量，此種企業雖有成長性，但投資風險也很高，因為若有營運上之問題，可能因自由現金流量不足而發生危機，反之，若是進入緩慢成長期之企業，雖有正的自由現金流量，也可能因資本支出極低，而造成未來成長性不高，也不是好的投資標的，因此，最好之企業應是，在支出企業所需之資本支出後，仍有大量之自由現金流量。

因此，影響企業資金之主要因素有：

A. 經營方式：接單性經營之資金流動不確定性高，而計畫性經營之資金流動性較確定。

B. 企業規模：大型企業資金流量較大，小型企業資金流量易受環境影響。

C. 製程長短：多量少樣，資金流量較能掌握，少量多樣，資金流量較不易掌握。

D. 銷售對象：客戶集中，資金較能掌握流量，客戶分散，資金較不易掌握。

E. 銷售條件：條件較嚴格，資金較能掌握，反之，則不易掌握。

F. 季節淡旺：淡旺季明顯，資金需求量較確定，反之，則較不易確定。

G. 營業循環：營業循環期長，資金需求量大，反之則較小。

所以，從現金流量表可以判斷出，四大企業類型：

(1) 積極成長型企業之特色

A. 淨利及營運活動現金淨流入持續快速成長，表示在對的產業做對的事。

B. 投資活動現金大幅增加，表示仍看見許多之投資機會。

C. 長期負債增加，所以不進行現金增資，亦即認為投資報酬率會大於借款利息，對前景充滿信心。

(2) 穩健之績優企業之特色

A. 淨利及營運活動現金淨流入持續成長，但幅度不大。

　　B. 營運活動現金流入大於投資活動現金流出。

　　C. 大量買回自家股票及發放大量現金股利。

(3) 危機四伏之地雷企業之特色

　　A. 此為財務最易出現問題之企業。

　　B. 淨利成長，但營運活動現金淨流出。

　　C. 投資活動現金大幅增加，表示仍積極追求成長。

　　D. 短期借款大幅增加，但同業應付帳款大量減少，表示短期內有償債壓力，知情的同業不敢再提供信用。

(4) 營運衰退之夕陽企業之特色

　　A. 淨利及營運活動現金流量持續下降。

　　B. 投資活動現金下降，甚至需處分資產以換取現金。

　　C. 無法保持穩定的現金股利支付。

　　因此財務分析時，基本上有下列幾項重點，須特別注意：

1. 營業收入是否呈現成長，停滯或衰退？增加或減少多少百分比？

2. 成本與費用是否增加或減少，增加是否大於營業收入之成長？

3. 營業利益是否小於稅前利益？

4. 營業活動淨現金流量是否小於本期損益？

5. 投資活動淨現金流出，是否大於營業活動淨現金流入？

6. 營業活動淨現金流出是否已經連續兩年，且年年增加？

7. 負債比率是否惡化，債權比重是否超過1？

8. 每股盈餘成長或下降？

9. 總資產週轉率，應收帳款週轉率及存貨週轉率是上升或下降？

10. 損益兩平點是否提高，安全邊際率是否下降？

一、問答題

1. 何謂每股現金流量？請列出公式。

2. 何謂現金流量適合率？請列出公式。

3. 何謂自由現金流量？此一觀念有何作用？

4. 我國上市公司之公開說明書及年度財務報告上對於現金流量之規定，必須揭露的比率，包括現金流量比率、現金流量允當比率及現金再投資比率，其計算公式為何？涵義及判斷準則各為何？

二、選擇題

( ) 1. 公司決定買哪些資產的決策稱為什麼？又可稱為？　(A)投資決策，融資決策　(B)融資決策，資本預算決策　(C)資本結構決策，資本預算決策　(D)投資決策，資本預算決策。

( ) 2. 愛魚書局是頗具規格的原文教科書商，基於以下哪一項假設性的消息，投資人可能會調高其對愛魚的盈餘預測？
A.學者業者咸信台幣匯率將持續向下探底。
B.各大紙業公司同時宣布將大幅調降紙價。
C 國際主要出版公司相繼調低所要求給付的教科書權利金。
D.各大專院校相繼推出全面以外語授課，並且全面性使用原文教科書。
(A)只有 D　(B)B、C 與 D 都對　(C)A、B、C 與 D 都對
(D)A、B、C 與 D 都不對　(E)只有 A。

( ) 3. 基於以下某些假設性的最新消息，投資人可能會調高其對施食百貨未來各季營業利益的預測值，請問這當中最有可能的組合是：
A. 施食宣告本年度營業額及銷貨毛利較去年減少 18%，銷售量則成長 1%。
B. 施食宣告本年度營業額及銷貨毛利較去年成長 18%，銷售量則減少 1%。

　　　C. 施食總管理處所在地一燈路與大理街的交口處，其單位面積
　　　　　地價大漲三倍。
　　(A)只有 A 對　　(B)只有 B 對　　(C)只有 C 對　　(D)只有 B 與 C 對
　　(E)A、B 與 C 都對。

（　　）4. 在損益表上，何項目最能預測未來營業狀況？　(A)營業部門稅
　　　　　前淨利　　(B)保留盈餘　　(C)營業費用　　(D)銷貨收入。

（　　）5. 現金週轉率係指下列何項比率？　(A)現金對資產總額比率
　　　　　(B)銷貨對現金比率　　(C)現金對銷貨比率　　(D)流動資產總額
　　　　　對現金比率。

（　　）6. 現金再投資比率用以衡量：
　　　　　(A) 扣除現金股利後的營業活動現金流量，再投資於資產的百
　　　　　　　分比
　　　　　(B) 運用總資金產生現金流入的能力
　　　　　(C) 在正常營業狀況下支付短期債務之能力
　　　　　(D) 企業由銷貨創造現金流入之能力。

（　　）7. 下列何者不須在現金流量表中揭露？　(A)盈餘轉增資　　(B)發
　　　　　行股票交換固定資產　　(C)公司債轉換為普通股　　(D)以債務承
　　　　　受取得固定資產。

（　　）8. 現金流量表分析資金來源與去路，並按投資、營業、融資等三
　　　　　項活動歸類，請問現金股利之分配應屬何種活動？　(A)投資活
　　　　　動　　(B)營業活動　　(C)融資活動　　(D)以上皆是。

（　　）9. 何者於現金流量表中列為「融資活動之現金流量項目」？　(A)
　　　　　購固定資產　　(B)支付員工薪資　　(C)支付現金股利　　(D)收到利
　　　　　息收入。

（　　）10. 企業進行轉投資，執行購入長期股票的控股策略，請問就現金
　　　　　流量表之分析應屬下列何種活動？　(A)融資活動　　(B)營業活
　　　　　動　　(C)購併活動　　(D)投資活動。

（　　）11. 下列何項在現金流量表中應自淨利減除，以求得來自營業活動
　　　　　的現金流量？　(A)折舊費用　　(B)應付公司債折價攤銷　　(C)應
　　　　　付公司債溢價攤銷　　(D)稅後利息費用。

（　）12. 下列哪一項目會在現金流量表揭露（假設金額重大）？　(A)發放股票股利　(B)宣告股票分割　(C)發行股票換取土地　(D)保留盈餘限定用途的指撥。

（　）13. 基於以下哪一項消息，投資人最有可能會調高其對千丈紙業盈餘預測值？　(A)上游廠商宣布未來將大幅調降其產品售價　(B)下游廠商宣布未來將大幅調降其產品售價　(C)競爭廠商宣布未來將大幅調降其產品售價　(D)千丈紙業宣布未來將大幅調降其產品售價。

（　）14. 依現行財務會計準則規定，發行股票交換固定資產，在現金流量表上應如何揭露？　(A)同時列為投資活動之現金流入與流出　(B)列為投資活動之現金流出及融資活動之現金流入　(C)不列為營業、投資或融資活動之現金流量，僅附註揭露交易內容　(D)不須作任何揭露。

（　）15. 在計算淨現金流量允當比率時，分母包括最近五年度之：　(A)資本支出　(B)存貨增加額　(C)現金股利　(D)以上皆是。

（　）16. 下列哪一項通常不會影響企業的現金流量？（不考慮所得稅影響）　(A)員工薪資　(B)壞帳費用　(C)利息費用　(D)銷貨折讓。

（　）17. 光寶公司自銀行借入$400,000，並以廠房作擔保，這項交易將在現金流量表中列作：　(A)來自營業活動之現金流量　(B)來自投資活動之現金流量　(C)來自融資活動之現金流量　(D)非現金投資與融資活動。

（　）18. 一般而言，下列哪一項目對於預測企業未來盈餘較有幫助？　(A)淨利(net income)　(B)銷貨毛利　(C)營業利益　(D)銷貨收入。

（　）19. 下列敘述何者為真？　(A)每股現金流量其值通常較每股盈餘為低　(B)短期借款屬於投資活動　(C)處分長期投資為理財活動　(D)以上皆非。

（　）20. 一般而言，下列哪一項目和企業現金流量的預測有最密切的關係？　(A)預測之進貨金額　(B)預測之銷貨金額　(C)預測之營業費用金額　(D)預估資全成本。

（　）21. A.營業損益，B.稅前損益，C.稅後淨利，何者預測性較高？
(A)A　(B)B　(C)C　(D)相等。

（　）22. 現金流量表所定之現金，指：　(A)庫存現金　(B)約當現金　(C)現金及約當現金　(D)營運資金。

（　）23. 下列哪一項流動資產不會導致未來現金流入的增加？　(A)預付款項　(B)應收帳款　(C)存貨　(D)有價證券　(E)以上皆非。

（　）24. 下列哪些揭露事項是屬於財務預測的一部分？A.企業的財務預測係屬估計，將來未必能完全達成之聲明、B.重要會計政策的彙總説明、C.基本假設的彙總説明　(A)A、B　(B)B、C　(C)A、C　(D)A、B、C。

（　）25. 對銷貨收益品質和趨勢，分析人員應該考慮很多項目，但下列何者不是？　(A)市場地域性分散程度　(B)是否有關係人交易　(C)銷貨是否集中於某一些產品　(D)上述分析人員皆應考慮。

（　）26. 下列有關財務預測之表達方式，何者正確？　(A)應參照歷史性基本財務報表之完整格式，以可能實現金額的區間列示　(B)應將最近二年度財務報表與本年度財務預測並列　(C)應編製母子公司合併財務預測報表　(D)以上三項敘述都是正確的。

（　）27. 企業編製財務預測應基於適當的基本假設，在評估假設的適當性時，應考慮哪些因素？A.總體經濟指標，B.產業景氣資訊，C.歷年營運趨勢及型態　(A)A 和 B　(B)B 和 C　(C)A 和 C　(D)A、B 和 C。

（　）28. 現金再投資比率等於？　(A)營業活動淨現金流量／（固定資產毛額＋長期投資＋其他資產＋營運資金）　(B)（營業活動淨現金流量－現金股利）／（固定資產毛額＋長期投資＋其他資產＋營運資金）　(C)營業活動淨現金流量／（固定資產毛額＋長期投資＋其他資產）　(D)營業活動淨現金流量／（固定資產毛額＋長期投資＋其他資產＋營運資金－現金股利）。

（　）29. 下列關於財務預測的敘述，何者正確？　(A)財務預測可不須經會計師核閱　(B)財務預測得免編製母子公司合併財務預測報表　(C)財務預測表達的內容，可不包括編製完成的日期　(D)財務預測表達的內容，可不包括編製的目的。

（　）30. 下列關於財務預測的敘述，何者不正確？　(A)財務預測應包括「係屬估計，將來未必能完全達成」之聲明　(B)財務預測應於每頁標明「預測」字樣　(C)應標明財務預測所涵蓋的期間，但可不標明財務預測編製完成的日期　(D)編製財務預測所使用的重要會計政策應彙總揭露。

（　）31. 普通股每股現金流量係用來判斷公司：　(A)盈餘品質　(B)支付當期費用的能力　(C)支付現金股利和負債的能力　(D)增加保留盈餘的能力。

（　）32. 對於一個新成立且正急速成長擴充的企業，其現金流量表最可能出現的狀況為：　(A)來自營業活動的現金流量為負值，投資活動的現金流量為正值　(B)來自營業活動的現金流量為正值，投資活動的現金流量為負值　(C)來自營業活動與投資活動的現金流量為負值　(D)來自營業活動與投資活動的現金流量為正值。

（　）33. 現金流量表將企業在特定期間之活動區分為數種，下列何者非屬之？　(A)營業活動　(B)營利活動　(C)投資活動　(D)融資活動。

（　）34. 如果要預測一企業短期現金流量，則現金流量表中的哪一個項目可能提供較多的訊息？　(A)與營業活動有關的現金流量　(B)與投資活動有關的現金流量　(C)與融資活動有關的現金流量　(D)現金增減變動的淨額。

（　）35. 下列哪一項目不需在現金流量表中作補充說明與揭露（假設各項之金額均屬重大）？　(A)外界捐贈資產　(B)發放股票股利　(C)公司債轉換為普通股　(D)非貨幣性資產交換。

（　）36. 公司宣告並發放現金股利，則：　(A)純益增加　(B)營運現金流量增加　(C)現金減少　(D)以上皆非。

（　）37. 計算由營業產生之營運資金須加回本期之折舊金額，是因為：(A)減少本期多提列之折舊　(B)折舊非為營業交易　(C)折舊不耗用營運資金　(D)提列折舊可以少繳稅。

（　）38. 下列哪個措施，會增加公司純益，增加營運現金以使得現金總額增加？　(A)減少維修費用之支出　(B)延緩必要之資本支出　(C)延長對供應商的付款期間，而放棄現金折扣　(D)以上皆非。

（　）39. 預收收入中，已實現部分應轉入下列哪一個帳戶？　(A)資產　(B)負責　(C)費用　(D)收入。

（　）40. 母公司與子公司間交易所產損益，稱為：　(A)內部損益　(B)綜合損益　(C)少數股權損益　(D)合併借項或是合併貸項。

（　）41. 下列哪一項不是企業報導盈餘數字的品質？　(A)存貨計價方式　(B)折舊方法　(C)壞帳費用認列方式　(D)每股盈餘金額的大小。

（　）42. 以下哪一個會計科目，無論其數值高低，都不會影響製造業損益表銷貨毛利項的金額？　(A)銷貨收入　(B)銷貨折扣　(C)壞帳費用　(D)銷貨成本。

（　）43. 以下哪一個行業，最有可能在其財務報表中看不到銷貨成本項目？　(A)百貨業　(B)電子業　(C)仲介業　(D)陶瓷業。

（　）44. 請由以下的資料決定今年的銷貨毛利為多少？應收帳款$120,000、銷貨成本$87,000、所得稅費用$2,700、銷貨收入$150,000、管理費用$18,000、折舊費用$12,000、存貨$100,000、銷售費用$15,000　(A)$54,000　(B)$21,000　(C)$9,000　(D)$63,000。

（　）45. 大華公司 XX 年度銷貨淨額$300,000，銷貨成本$150,000，銷售費用$20,000，管理費用$15,000，營業外收入$10,000，營業外費用$5,000，所得稅費用$5,000，則該公司本期淨利為：(A)$115,000　(B)$200,000　(C)$150,000　(D)$250,000。

（　）46. 損益表之營業外（或其他）收入與損失不包括下列何項目？(A)利息費用　(B)出售固定資產利益　(C)股利收入　(D)呆帳損失。

（　）47. 費用和損失的區分在於：　(A)金額的重大性　(B)未來再發生的可能性　(C)與企業正常營業活動的關係　(D)以上皆是。

（　）48. 弱心企業本期的營業收入是 21 億元，進貨成本是 19 億元，營業費用是 7 億元，銷貨毛利是 12 億元，則其營業利益的金額應該是：　(A)5 億元　(B)3 億元　(C)24 億元　(D)–35 億元。

（　）49. 一間公司的本益比會受到下列何者的影響？甲、折舊政策；乙、利息是否資本化　(A)僅甲　(B)僅乙　(C)甲和乙都不對　(D)甲和乙都對。

（　）50. 下列何者在損益表上係以稅後金額表達：　(A)銷貨收入　(B)營業利益　(C)非常損益　(D)研究發展費用。

（　）51. 將一項利息收入誤列為營業收入，將使當期淨利：　(A)虛增　(B)虛減　(C)不變　(D)選項(A)、(B)、(C)皆非。

（　）52. 在定期盤存制下，計算銷貨成本的方式為：　(A)期初存貨＋本期進貨　(B)期初存貨＋期末存貨＋本期進貨　(C)期初存貨－期末存貨＋本期進貨　(D)期末存貨－期初存貨＋本期進貨。

（　）53. 以下哪一種資訊不會在損益表上揭露？　(A)會計原則變動累計影響數　(B)股本溢價　(C)每股盈餘　(D)所得稅費用。

（　）54. 損益表之主要組成分子如下：其正常順序如何？甲：會計原則變更累積影響數；乙：每股盈餘；丙：繼續營業部門損益；丁：非常損益項目；戊：停業部門損益　(A)丙甲丁戊乙　(B)丙丁戊甲乙　(C)丙戊丁甲乙　(D)丙戊甲丁乙。

（　）55. 以下哪一個會計名詞，有可能在損益表中出現？　(A)商業折扣　(B)數量折扣　(C)進貨折扣　(D)促銷折扣。

（　）56. 以下哪一個會計科目，不應在損益表之營業費用項中出現？　(A)匯兌損失　(B)薪資費用　(C)廣告費用　(D)租金費用。

（　）57. 下列哪一項列在銷管費用當中？　(A)總公司餐廳對員工用餐的貼補　(B)支付董、監事酬勞　(C)銷貨被退回　(D)進貨時廠商所負擔的運費。

（　）58. 大好企業期初存貨為$40,000，本期進貨為$200,000，銷貨收入為$200,000，若其銷貨毛利率為 20%，請問其期末存貨為多少？　(A)$131,500　(B)$80,000　(C)$66,500　(D)$178,500。

( ) 59. 下列何種成本或費用項目通常不易因銷貨環境之變動而有彈性之變化？ (A)銷貨成本 (B)管理費用 (C)銷貨費用 (D)變動成本。

( ) 60. 一般公司經常法律顧問費用是： (A)銷售費用 (B)管理費用 (C)財務費用 (D)營業外費用。

( ) 61. 期初存貨$200,000，本益進貨$500,000，銷貨收入$800,000，毛利率 30%，則期末存貨等於： (A)$170,000 (B)$230,000 (C)$140,000 (D)$20,000。

( ) 62. 崆峒公司去年底財務報表上列有銷貨毛利 5,000 萬元，營業費用 1,000 萬元，營業外收入 200 萬元，營業外費用 2,000 萬元，遞延所得稅 1,000 萬元，所得稅費用 500 萬元，則其稅後淨利為： (A)2,700 萬元 (B)1,700 萬元 (C)1,300 萬元 (D)3,200 萬元。

( ) 63. 太君企業一年的採購經費是 5 億元，透過網際網路進行採購，可輕鬆省下 1,000 萬元。也就是說，網際網路採購服務，可以幫助降低太君的： (A)營業成本 (B)研究發展費用 (C)折舊費用 (D)推銷費用。

( ) 64. 國王公司去年底財務報表上列有營業利益 7,500 萬元，銷售費用 3,100 萬元，一般管理費用 900 萬元，利息費用 1,100 萬元，研究發展費用 1,400 萬，進貨折扣 200 萬元，所得稅費用 300 萬元，則其營業費用為： (A)6,600 萬元 (B)5,400 萬元 (C)6,800 萬元 (D)4,300 萬元。

( ) 65. 請由以下的資料決定今年底的保留盈餘總額為多少？年初保留盈餘 $7,000、應付款項 $2,100、銷貨成本 $32,700、現金 $3,200、銷貨收入 $53,000、薪資費用 $20,000，所得稅率 25% (A)$7,300 (B)$300 (C)$7,225 (D)$20,300。

( ) 66. 將發展支出在發生當期即列為費用，主要係考慮以下哪一因素？ (A)重要性 (B)決策攸關性 (C)保守穩健 (D)可比較性。

（　）67. 下列何種情況會增加每股盈餘？　(A)收入增加　(B)費用減少　(C)流通在外股數減少　(D)選項(A)、(B)、(C)皆會增加每股盈餘。

（　）68. 評估企業盈餘品質時應考慮：　(A)會計方法不同的影響　(B)研究發展支出比率是否適當　(C)盈餘的來源　(D)以上皆是。

（　）69. 會計名詞並未名詞並未完全統一，常常有數個名詞具有相同意義的情形，請指出以下哪一個名詞與其他三項意義有顯著不同？　(A)淨利　(B)純益　(C)營業利益　(D)盈餘。

（　）70. 在計算營業活動現金流量時，何者不能列入？　(A)固定資產投資變動　(B)應計費用變動　(C)存貨變動　(D)選項(A)、(B)、(C)皆可列入。

（　）71. 融資活動的現金流量，下列何者不屬之？　(A)發行股票　(B)借款所得的現金流量　(C)支付現金股利給股東　(D)因借款而支付利息。

（　）72. 企業收回借出的款項，應列為現金流量表上的哪一個項目？　(A)融資活動之現金流入　(B)投資活動之現金流入　(C)融資活動之現金流出　(D)投資活動之現金流出。

（　）73. 「每股現金流量」衡量的是：　(A)（現金收入－現金支出）÷流通在外股數　(B)企業自內部產生現金的能力　(C)企業的獲利能力　(D)選項(A)、(B)、(C)皆是。

（　）74. 嘉樺公司本年度稅後淨利為$20,000，本年度損益表中列有折舊費用$5,000、出售固定資產損失$4,000 及所得稅$4,500等，試計算該公司本年度由營業活動所產生之現金為：　(A)$31,000　(B)$24,000　(C)$25,000　(D)$29,000。

（　）75. 收到現金股利與利息，在現金流量表中是屬於何種活動之現金流量？　(A)營業活動　(B)投資活動　(C)融資活動　(D)選項(A)、(B)、(C)皆非。

（　）76. 以間接法編製現金流量表，請問下列何種狀況是現金流量的加項？　(A)存貨增加　(B)應付帳款減少　(C)發放現金股利　(D)應收帳款減少。

（　）77. 下列何項為融資活動？　(A)利息收入　(B)利息費用　(C)購買
庫藏股　(D)購買其他公司股票。

（　）78. 因利息收入而產生的現金流入應列示在現金流量表上哪個部
分？　(A)營業活動　(B)投資活動　(C)融資活動　(D)不影響現
金流量之投資融資活動。

（　）79. 下列何者不須在現金流量表中揭露？　(A)盈餘轉增資　(B)發
行股票交換固定資產　(C)公司債轉換為普通股　(D)以債務承
受取得固定資產。

（　）80. 營業活動的現金流量，下列何者不屬之？（調整項目亦屬之）
(A)商品應收帳款減少數　(B)建築物折舊費用　(C)收到現金股
利　(D)以上皆屬營業活動。

（　）81. 下列何者非屬投資活動之現金流量？　(A)購買設備　(B)貸款
予其他企業　(C)投資股票之股利收入　(D)收回對其他企業之
貸款。

（　）82. 下列何者為來自融資活動的現金流量？　(A)購買固定資產
(B)應計費用增加　(C)借入長期負債　(D)選項(A)、(B)、(C)皆非。

（　）83. 若亦鋒公司 XX 年純益$11,000、固定資產折舊為$6,500、專利
權攤銷$1,000、債券折價攤銷$500、預付費用減少$2,000、
投資有價證券$3,500，試問該公司當年度之營業活動現金流量
為何？　(A)18,500　(B)$17,500　(C)$20,000　(D)$21,000。

（　）84. 在現金流量表中，下列何者屬於因營業活動而產生之現金流
量？　(A)發放現金股利　(B)出售房屋　(C)發行公司債　(D)收
到存貨保險賠償款。

（　）85. 下列何者屬於融資活動的現金流出項目？　(A)現金購買商品
及原料　(B)支付利息　(C)支付現金股利　(D)購買無形資產。

（　）86. 因利息收入而產生的現金流入應列示在現金流量表上哪個部
分？　(A)營業活動　(B)投資活動　(C)融資活動　(D)不影響現
金流量之投資融資活動。

（　）87. 甲公司流動負債中有一項其他應付款項科目，該科目用以記錄公司興建廠房之應付工程款，當年度該科目餘額因公司支付工程款而減少，該現金流出屬：　(A)營業活動　(B)投資活動　(C)理財活動　(D)不影響現金流量之投資及理財活動。

（　）88. 計算營業淨現金時，下列何者不可列入？　(A)預收貨款的減少　(B)遞延所得稅負債的變動　(C)應付銀行票據變動　(D)存出保證金變動

（　）89. 下列何者屬融資活動的交易？　(A)以現金購買設備　(B)出售土地收到現金　(C)發行債券取得現金　(D)選項(A)、(B)、(C)皆非。

（　）90. 現金流量表係解釋下列哪個科目的期初與期末餘額的變化？　(A)淨利　(B)權益　(C)現金及約當現金　(D)營運資金。

（　）91. 因交易目的證券投資而收到之現金股利，在現金流量表中，應屬於哪一項活動之現金流量？　(A)營業活動　(B)投資活動　(C)融資活動　(D)營業活動與投資活動。

（　）92. 甲公司（非建築業）本年度淨利頗佳，惟營業活動之現金流量卻為負值，其可能原因為：　(A)應付帳款增加　(B)有一大部分淨利係處分土地溢價　(C)存貨減少　(D)選項(A)、(B)、(C)皆是。

（　）93. 償還短期借款，應列為何種活動之現金流出？　(A)營業活動　(B)投資活動　(C)融資活動　(D)其他活動。

（　）94. 在計算營業活動現金流量時，何者不能列入？　(A)固定資產投資變動　(B)應計費用變動　(C)存貨變動　(D)選項(A)、(B)、(C)皆可列入。

（　）95. 下列哪些交易事項可能會使現金增加？I.庫藏股票減少；II.發行普通股；III.可轉換債券轉換為普通股；IV.存出保證金增加　(A)II和IV　(B)I和II　(C)I、II和IV　(D)只有II。

（　）96. 下列何者屬於現金流量表中的融資活動部分？　(A)處分設備所得款項　(B)購買設備　(C)現金增資　(D)購買債券股。

（　）97. 在間接法編製的現金流量表中，下列何者的變動不會影響營業
活動現金流量的計算？　(A)應付利息　(B)應付所得說　(C)應
付現金股利　(D)應收帳款。

（　）98. 甲公司從公開市場中買入該公司已發行之股票，這一交易在現
金流量表中應列為：　(A)營業活動　(B)投資活動　(C)融資活
動　(D)減資活動。

（　）99. 在間接法編製的現金流量表中，應揭露哪些和營業活動有關的
現金流出？　(A)利息支出金額　(B)所得稅支付金額　(C)選項
(A)、(B)都需揭露　(D)在間接法之下，現金流量表不應出現任
何現金支付的項目。

（　）100. 由來自營業活動現金流量為負值，可知：　(A)當期公司現金
餘額減少　(B)營業活動現金流量小於淨利　(C)營業活動使
用之現金數較所得到之現金數多　(D)公司應收帳款餘額快速
增加。

（　）101. 償還短期借款，應列為何種活動之現金流出？　(A)營業活動
(B)投資活動　(C)融資活動　(D)其他活動。

（　）102. 現金流量表分析資金流入與流出，並按投資、營業、融資等三
項活動歸類，請問現金股利之分配應屬何種活動？　(A)投資活
動　(B)營業活動　(C)融資活動　(D)選項(A)、(B)、(C)皆是。

（　）103. 下列何者係不影響現金之投資與融資活動？　(A)發行普通股
交換土地　(B)支付股利給股東　(C)購買設備　(D)宣告現金
股利。

（　）104. 編製現金流量表時，公司不需要下列哪一種資訊？　(A)去年
之資產負債表　(B)去年之損益表　(C)今年之資產負債表
(D)今年之損益表。

（　）105. 不影響現金流量之投資融資活動應揭露於何處？　(A)現金流
量表的附註　(B)現金流量表的投資活動部分　(C)現金流量
表的融資活動部分　(D)選項(A)、(B)、(C)皆非。

（　）106. 處分一筆土地，成本$250,000，處分利益$20,000，則投資
活動項目應列示現金流入：　(A)$250,000　(B)$230,000
(C)$270,000　(D)$0。

（　）107. 以現金償付貸款之本金及利息，於現金流量表上應如何表達？　(A)全部作為營業活動　(B)全部作為融資活動　(C)本金部分屬於營業活動，利息部分屬於融資活動　(D)本金部分屬於融資活動，利息部分屬營業活動。

（　）108. 分析師從哪一財務報表可直接獲知公司當年度未付股利之現金流出金額（選擇最佳的答案）？　(A)當年度之盈餘分配表　(B)當年度年底之資產負債表　(C)當年度之股東權益變動表　(D)當年度之現金流量表。

（　）109. 下列何者為現金流量表的融資活動？　(A)宣告發放現金股利　(B)發放現金股利　(C)宣告發放股票股利　(D)發放股票股利。

（　）110. 下列何者為來自融資活動的現金流量？　(A)購買固定資產　(B)應計費用增加　(C)借入長期負債　(D)選項(A)、(B)、(C)皆非。

（　）111. 企業收回借出的款項，應列為現金流量表上的哪一項目？　(A)融資活動之現金流入　(B)投資活動之現金流入　(C)融資活動之現金流出　(D)投資活動之現金流出。

（　）112. 下列何者不屬現金流量表上的融資活動？　(A)企業發行公司債借款　(B)現金增資　(C)購買庫藏股票　(D)收到現金股利。

（　）113. 試根據下列資料計算由營業來的現金流量：銷貨收入（全為現金銷貨）$100,000、銷貨成本（全為現金購貨且存貨未改變）$50,000、營業費用（不含折舊）$20,000、折舊費用$10,000、稅率 25%　(A)$10,000　(B)$15,000　(C)$20,000　(D)$25,000。

（　）114. 臺北公司 XX 年度部分財務資料如下：稅後淨利$500,000、折舊費用$30,000、出售固定資產利益$20,000、現購固定資產$150,000、應收帳款減少$80,000、預收貨款增加$35,000、現金增資$200,000。問該公司 XX 年度自營業活動產生之淨現金流入為：　(A)$395,000　(B)$445,000　(C)$625,000　(D)$675,000。

（　）115. 下列何者非屬投資活動之現金流量？　(A)購買設備　(B)貸款予其他企業　(C)投資股票之股利收入　(D)收回對其他企業之貸款。

（　）116. 下列何者不須在現金流量表中揭露？　(A)盈餘轉增資　(B)發行股票交換固定資產　(C)公司債轉換為普通股　(D)以債務承受取得固定資產。

三、計算題

下列為甲公司最近五年度現金流量表之資料：

甲公司

民國××1~××5 年度

現金流量表

項目 ＼ 年度	××1 年度	××2 年度	××3 年度	××4 年度	××5 年度
營業活動之現金流量：					
純　益	$2,393,668	$2,325,636	$1,910,092	$2,246,648	$998,100
折舊及攤銷	178,932	182,754	129,494	85,134	43,342
處分固定資產損失	－	－	2	126	(708)
處分長期投資利益	(195,068)	－	－	－	－
按權益法認列之長期投資損失	285,764	27,532	171,900	4,136	6,810
遞延所得稅資產	(66,946)	(84,154)	(64,462)	(45,054)	(35,552)
營業資產及負債之變動：					
應收票據	(49,812)	(12,620)	133,934	(182,948)	(2,542)
應收關係人帳款	21,760	(51,640)	(32,382)	17,708	(40,210)
應收帳款	(25,524)	(156,954)	(81,598)	(272,324)	34,246
存　貨	(160,302)	(66,530)	(67,162)	(5,128)	11,076
預付款項及其他流動資產	(3,494)	3,202	7,036	7,914	6,722
應付票據	5,510	165,510	(25,024)	38,194	(49,082)
應付關係人帳款	(656)	(656)	(19,214)	19,870	－
應付帳款	12,994	(152,152)	30,438	88,670	25,574
應付所得稅	87,778	31,892	(15,870)	17,248	10,652
應付費用及其他流動負債	(5,690)	5,008	(18,942)	21,066	96,142
營業活動之淨現金流入	$2,478,914	$2,216,828	$2,058,332	$2,041,260	$1,104,570
投資流動之現金流量：					
購置固定資產	$(192,616)	$(258,220)	$(247,998)	$(137,932)	$(609,256)
短期投資減少（增加）	(746,484)	688,000	(516,644)	(143,820)	591,414
質押定期存款減少	16,000	16,000	－	10,540	372
存出保證金減少（增加）	173,680	(12,284)	(9,962)	60,812	(177,828)
處分固定資產價款	－	－	6	438	1,400

長期投資增加	(2,298,548)	(2,000,000)	(1,800,236)	(1,073,888)	(13,142)
處分長期投資價款	356,068	—	—	—	—
遞延費用增加	(402)	—	(268)	—	(1,218)
投資活動之淨現金流出	$(2,692,302)	$(1,566,504)	$(2,575,102)	$(1,283,850)	$(208,258)
理財活動之現金流量：					
存出保證金增加	$8,888	$22,696	$77,166	$31,410	$17,574
董監事酬勞	(22,474)	(22,474)	(28,430)	(12,308)	(12,440)
理財活動之淨現金流入（出）	$(13,586)	$222	$48,736	$19,102	$5,134
現金及約當現金增加（減少）數	$(226,974)	$650,546	$(468,034)	$776,512	$901,446
年初現金及約當現金餘額	2,468,006	1,817,460	2,285,494	1,508,982	607,536
年初現金及約當現金餘額	$2,241,032	$2,468,006	$1,187,460	$2,285,494	$1,508,982
現金流量資訊之補充揭露：					
本年度支付所得稅	$13,808	$17,808	$10,550	$17,176	$7,778
本年度支付利息	$182	—	$240	$92	$62

此外根據該公司之資產負債表取的下列之資料：

	××1年12月31日	××2年12月31日	××3年12月31日	××4年12月31日	××5年12月31日
流通在外股數	269,200 股	269,200 股	184,000 股	105,500 股	64,500 股
流動資產	$4,600,838	$4,092,504	$3,844,542	$3,741,328	$2,399,776
流動負債	703,742	653,408	603,806	652,418	468,266
長期投資	4,631,636	4,694,636	2,702,334	1,083,610	6,290
固定資產總額	955,066	1,016,810	941,046	822,680	770,608
其他資產	220,460	441,810	362,544	302,544	315,628

試根據上列所提供之資料計算並回答下列之問題：

1. 試計算該公司每年度之現金流量比率，並加以解釋之。

2. 試計算該公司每年度之現金流量允當比率，並加以解釋。

3. 試計算該公司五年度合計之現金再投資比率，並加以解釋之。

4. 試計算該公司每年度之每股現金流量。

5. 自由現金流量。

FINANCIAL STATEMENT
ANALYSIS

CHAPTER

05

閱讀財務報表
所掌握的原則

　　企業之財務報表都是許許多多之數字組成，且有些企業為了某些原因，造成資料輸入錯誤，導致輸出之結果錯誤，為了使財務報表之分析更加之精準，在做分析時，應掌握以下之原則，以期達到最正確之分析。

第一節　真實原則

　　企業有時為了節省成本，或是為了配合國家政策，而被迫有兩套帳，因此在進行企業財務分析時，需將所有的會計資料，還原至真實狀況，否則，財務報表失真，即無分析之價值。

第二節　一致性原則

　　為了使同一公司不同年度，或不同公司同一年度的財務報表，具有比較分析的意義，對於所報導的財務事項，所用的會計方法與程序都應前後年度一致，否則，會計處理彼此不一致，則無分析之價值。

第三節　重點原則

　　一般財務報表分析上，最容易有問題的項目，為應收應付款項、存貨、營業收入及營業成本等，如要找出異常現象，除了可採趨勢分析、增減變動分析、共同比分析之外，仍須對具體的細節追查原因，採重點原則，例如：

1. 可按產品別，分別求出各項成本占總成本比重。

2. 可按物品價值高低及使用頻率次數，來訂定分析方法。

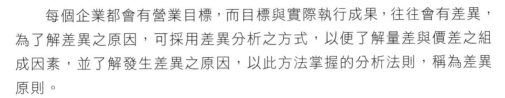

第四節　差異原則

　　每個企業都會有營業目標,而目標與實際執行成果,往往會有差異,為了解差異之原因,可採用差異分析之方式,以便了解量差與價差之組成因素,並了解發生差異之原因,以此方法掌握的分析法則,稱為差異原則。

　　在進行差異分析時,須注意:

1. 量差及價差公式之運用

(1) 量差＝(實際數量－標準數量)× 標準單價。

(2) 價差＝(實際單價－標準單價)× 標準數量。

(3) 混合差(總差異)＝實際單價×實際數量－標準單價×標準數量。

　　詳細分析,將於第七章深入探討

2. 差異項目應選擇效率性之指標

3. 需同一基礎作比較

4. 需進行細胞結構分析

第五節　綜合分析原則

　　需將企業之收益力、安定力、活動力、生產力、成長力,此乃五力分析,是企業經營之健康檢查,乃利用財務報表與經營統計資料,給予系統性之分析,藉以衡量企業經營之得失,現分述如下:

一、收益力

　　其重視企業獲利能力之分析,有下列之比率分析:

1. 總資本營業利益率＝營業利益÷總資本
   此為企業經營成果之綜合性指標,比率越高,表示獲利越佳。

2. 營業利益率＝營業利益÷銷貨收入

表營業利益占銷貨收入之比率，比率越高，表示營業利益越佳。

3. 銷貨毛利率＝銷貨毛利÷銷貨收入

此即毛利率，能測度產銷之效能，此比率越高越好。

4. 淨值純益率＝本期損益÷淨值

亦即淨值報酬率，比率越高，表示股東獲利越佳。

5. 邊際貢獻率＝邊際貢獻÷銷貨收入

此比率類似毛利率，比率越高越好。

二、安定力

其重視企業信用之分析：

1. 自有資本比率＝自有資本÷總資本

為衡量自有資本占總資本之比率，比率越高越安定，亦即企業之體質越健康。

2. 內部保留率＝（各項準備本期增加數＋各項公積本期增加數＋本期未分配盈餘）÷本期稅前純益

為衡量企業在本期之積蓄程度，積蓄越多越穩固。

3. 淨值與固定資產比率＝淨值÷固定資產

比率越高越安定。

4. 長期償債能力＝稅前純益÷本期償還長期負債數

此為衡量企業對長期負債償還之能力倍數，倍數越大表示償還能力越佳。

5. 企業血壓＝（流動負債－速動資產）÷流動負債

此為衡量短期外來資金對企業之壓迫程度，太高有危險，太低會影響企業之活力。

三、活動力

其重視企業週轉活動分析：

1. 總資本週轉率＝營業收入÷平均總資本

   此為衡量企業總資本，一年內替企業做了幾次生意，比率越高表示企業活動力越強，賺取利益之機會越高。

2. 淨值週轉率＝營業收入÷平均淨值

   與總資本週轉率類似，只是分母以平均淨值取代，比率越高亦表示企業活動力越強，比率太低，則表示企業自有資本多或營業額太少。

3. 固定資產週轉率＝營業收入÷平均固定資產

   此在衡量固定資產等生產設備之利用程度，比率越高表示利用固定資產創造營業收入之能力越佳。

4. 存貨週轉率＝營業成本÷平均存貨

   主要是衡量企業投資於存貨，為企業做了多少次生意，比率越高越好。

四、生產力

其重視企業成長之分析：

1. 附加價值率＝附加價值÷營業收入

   此為衡量附加價值占營業收入之比率，比率越高，表示貢獻越大支付人事費用之能力越強，因為一般視租金、利息、稅捐、折舊為固定成本，唯一可以控制者為人事費用。

2. 資本分配率＝（總資本使用費＋稅後純益）÷附加價值

   此在衡量附加價值金額中，有多少是分配給企業本身，此比率要考慮與勞動分配率之間的均衡。

3. 每人附加價值＝附加價值÷從業人員

   此為衡量每位從業人員為企業創造之附加價值，比率越高表示對企業之貢獻度越大。

4. 設備投資效率＝附加價值÷（固定資產－在建工程－非營業固定資產）

   此為衡量企業投入固定資產，所產生之附加價值比率，比率越高越好。

5. 每人營業額＝營業收入÷從業人員

   此為衡量每位從業人員，為企業賺取之營業額，比率越高越好。

6. 每人邊際貢獻＝邊際貢獻／從業人員

   此為衡量每位從業人員替企業創造之邊際貢獻，比率越高越好。

五、成長力

　　其重視企業在產銷過程中，投入與產出之比，亦即主要在分析企業之成長性。

1. 營業成長率＝（本期營收－上期營收）÷上期營收

   此為衡量企業營業成長之情形，比率越高表示成長越好，但企業規模擴大後，成長率會慢慢下來。

2. 附加價值成長率＝（本期附加價值－上期附加價值）÷上期附加價值

   以此作為企業成長之衡量指標，此比率越高越好。

3. 純益增加率＝（本期稅前純益－上期稅前純益）÷上期稅前純益

   此為衡量純益之增長情形，比率越高表示成長越多。

4. 固定資產增加率＝（本期固定資產－上期固定資產）÷上期固定資產

   此為衡量固定資產增加之情形，比率增減需視企業之政策與市場狀況而定，若業務擴大，需求增加，比率應上升，反之則應減少。

5. 淨值增加率＝（本期淨值－上期淨值）÷上期淨值

   此為衡量自有資本之充實程度，比率越高越好。

　　綜合加以分析，診斷企業問題之所在，分析時須注意：

1. 先求安定，再求獲利，最後求成長。

2. 進行比較時，應採同一基礎分析。

3. 盡量開列最近五年度的財務分析資料，以便了解未來趨勢變化原則。

4. 正確的財務分析，不只有損益表及資產負債表交叉，還包括現金流量表，會計師簽證附註及股東權益變動表，一起作綜合分析。

5. 財務報表如有兩套帳，或有重大窗飾，則財務分析失真。

REVIEW ACTIVITIES

習題

一、問答題

1. 綜合分析原則包括哪五力？

2. 何謂企業血壓？請列出公式。

二、選擇題

( ) 1. 附加價值內容包括： (A)人事費 (B)租金 (C)利息 (D)稅捐 (E)折舊 (F)以上皆是。

( ) 2. 下列何項為五力中的生產力？ (A)附加價值率 (B)營業成長率 (C)淨值週轉率 (D)內部保留率 (E)淨值純益率。

( ) 3. 下列何項不是五力中的安定力？ (A)企業血壓 (B)長期償債能力 (C)自有資本比率 (D)純益增加率。

( ) 4. 下列何項不是五力中的生產力？ (A)附加價值率 (B)設備投資效率 (C)每人邊際貢獻 (D)固定資產週轉率。

( ) 5. 資本適足率係指： (A)自有資本÷總資產 (B)自有資本÷風險性資產 (C)自有資本÷淨資產 (D)自有資本÷流動負債。

( ) 6. 自有資本比率是五力分析中何者之重要指標？ (A)收益力 (B)活動力 (C)安定力 (D)生產力。

( ) 7. 存款準備率的高低與銀行資金成本呈： (A)無關係 (B)不一定 (C)反比 (D)正比。

FINANCIAL STATEMENT
ANALYSIS

CHAPTER

06

會計騙局與
財務報表之窗飾

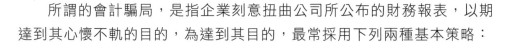

第一節　會計騙局的意義與目的

　　所謂的會計騙局，是指企業刻意扭曲公司所公布的財務報表，以期達到其心懷不軌的目的，為達到其目的，最常採用下列兩種基本策略：

1. 膨脹本期的營收，或少列本期的營業費用。（影響本期盈餘）

2. 短列本期的營收，或膨脹本期的營業費用。（影響下期盈餘）

　　然而為什麼會有會計騙局的產生？

1. 有利可圖

　　由於許多企業在發放紅利或股利時，是以財務報表的盈餘數字為基礎，此舉很容易誘導中高階管理人員，會不惜一切來呈現較好的經營成果，而 MIT 的 Paul Healy 的研究也發現，管理階層的紅利發放制度，和他們所取捨的會計方法及會計流程，有很大的關聯性，他們容易傾向盡量膨脹盈餘，以獲取較高的紅利，以保障自身的收入。

2. 做法簡單

　　管理人員只要熟悉會計原則、程序與方法，就可以因不同的會計方法，得到不同的財務報告，所以心懷不軌的財務管理人員，會因為 GAAP 的原則是有非常大的彈性，透過這些灰色的彈性地帶，而濫用 GAAP 的漏洞，來達到扭曲財務報表的目的。

3. 被發現錯帳的機率不高

　　一般而言，只有公開發行公司的財務報表，需強制依法透過會計師查核，而一般的季報則不需要，且多數的公司並未上市，所以公司若刻意要在財務報表中耍花招，或虛灌盈餘，很難察覺其隱瞞的數字，一般而言，下列幾種公司容易採取會計騙術，須特別留意：

(1) 過去曾有高成長，但目前成長已趨緩

　　此種公司的管理階層，為了要維持高度成長的假象，容易用財務騙術來美化財務報表。

(2) 瀕臨破產，但卻苟延殘喘的公司

　　此類公司的經理人，也會利用會計花招，來假造財務數字，製造假象，以瞞天過海。

(3) 未上市公司

　　此類公司財務報表未曾經會計師查核，也可能缺乏良好的內控制度，特別是那些股權集中度非常高，且從未被查核的公司，發生假帳的機率非常高。

　　台積電創辦人張忠謀說："Good ethics is good business."，所以，如果沒有誠信，則：

1. 財務報表將失去靈魂，即使暫時成功，也無法有長期競爭力。

2. 做假帳、廣告不實，會產生隱藏成本。

(1) 因為聲譽受損，造成銷售下降，嚴重可能倒閉。

(2) 員工及企業的價值可能產生衝突，導致誠實員工求去，不誠實員工留下，產生劣幣驅逐良幣(bad money drives out good money)的現象。

(3) 當企業加強監控員工後，員工可能產生不被信任之不滿，使生產力下降。

第二節　會計騙局的種類

一、第一種：營業收入入帳時間或品質有問題

　　有些營業收入獲利流程尚未完成，便及早入帳，例如：未來仍須繼續提供勞務，卻已將相關之營業收入入帳，或商品尚未運出，就已將營業收入入帳，或客戶付款日尚未到期，就已先行入帳，一般來說，營業收入只有在獲利流程完成，且交易行為已經發生後，才能認列，以上這些情況，還算是有良心的企業，有些較惡性的。例如：品質有問題的，像是銷貨給關係人，或是給客戶某種有價值的東西，作為膨脹營業收入的條件，譬如說：以物易物，提供股票給客戶，或投資買方公司的合夥股權，此類均屬於人為方式地膨脹營業收入，像是個不定時炸彈般，何時引爆，只是時間問題而已。

1.（方法一）未來仍須提供服務，營業收入卻已提早入帳

當企業逐漸衰老時，銷售成長率也會自然趨緩，有些企業會坦然接受，有些企業則拒絕接受，如果拒絕接受，當企業明顯陷入銷售趨緩的窘境時，為了掩飾銷售趨緩之事實時，會以改變營業收入認列方法以掩飾問題，例如簽了五年期之合約，需於完成合約之內容後，才能將合約之營業收入入帳，但有些企業會於簽約當期，即將未到期之營業收入入帳，提早認列營業收入，將使未來可能入帳之營業收入提前耗盡。

2.（方法二）貨物運出前，即已認列相關營業收入

一般會計處理有完工比率會計法(percentage of completion, POC)，以及帳面上已出貨但貨品實際上仍未運出(bill but hold)的營收認列方式，在完工比率會計法下，營業收入是在產品製造期間，尚未送交客戶前即已開始認列，此法只適用產品製造期間非常長的企業，由於營收認列金額是根據不同的預測，所以使用完工比率會計法，會使企業有使用會計騙局之空間，例如，服務業因為所產生之產品生命週期較短，不適用完工比率會計法。

另外，企業之錯誤預測，也可能導致營業收入與盈餘遭到虛灌，此外，企業在出貨時就認列營收，但他們會採用下列兩種方式來虛灌營收，第一是：客戶索貨前先出貨，第二是：將季結算日期延後，通常企業為了美化營業收入短缺之事實，會做此手法，所以可注意企業是否竄改季結算日，至於有關第一種方法之討論，因為有些企業在會計年度即將結束時，發現盈餘出現衰退，有些企業會趕緊將商品運送給零售商或大盤商，之後便認列營收。

3.（方法三）銷售給關係人

將產品出售給供應商、親戚、公司董事或其他相關之關係人，此種銷售是否有某種折扣或附帶條件，其營業收入之品質，令人質疑，例如，與策略夥伴間之不尋常之交易，會造成混淆視聽，且可讓企業有操縱營收與盈餘之機會，另一種例子是雙向交易，所謂雙向交易是指一家企業向同一家企業買與賣東西，也會導致營業收入之品質受質疑。

4.（方法四）給客戶某種有價值東西，以作為交換之條件

若買方已完成銷售之條件，除了產品之外，還收受賣方任何有價值的東西，那麼此種營業收入之品質即降低，此類交易包括與供應商以物易物，或人為操縱營收提供股票或股票選擇權給客戶，以作為交易之誘因，或投資買方企業之合夥股權。

二、第二種：列記虛擬的營業收入

企業虛灌營業收入的手法，包括如下：

1. 將缺乏實質經濟利益的營業收入入帳

例如：有些企業沒有實質銷售產品給客戶，只是由買賣雙方簽訂一份銷售合約，以逃避會計人員之查核。

2. 將借款所得列入營業收入

借款，因為必須歸還，屬於負債，而提供商品勞物之收入所得，歸於企業，兩者性質不同，不能混淆。例如，全錄公司 2001 年的會計騙局之一，是將債權人之資金列為營業收入，以及高估開發中國家的未來租賃收入，以膨脹短期營業收入，結果，全錄公司被揭弊後，股價從美金 124 元下降到 4.43 元。

3. 將投資收入列入營業收入

投資收入若不當列入營業收入，將導致營業利益被膨脹，且營業利益率也會被高估。

〈時事案例一〉

例如：有家名為「宣統科技」的公司，自 2001 年開始做假帳，透過虛設的子公司與母公司之交易行為，來虛增盈收，使其在 2001 年申請上櫃轉上市，其在做假帳期間，年年更換會計師，為使其財報合理化，並挪用公司資金，供假銷貨循環週轉使用，以公司存款為海外人頭公司融資擔保，並且將該筆因供擔保而無法動用之存款於財報中，虛偽記載為「銀行存款」，欺騙投資人。

〈時事案例二〉

　　另一家「銳普電子」於 2005 年 8 月爆發資產掏空事件，公司預先支付貨款給供應商五億多元（名義上），實際上是虛列營收，發布利多消息，使公司股價上揚，並且出脫手中持股獲利。

三、第三種：利用一次性利得來虛灌盈餘

　　此種虛灌盈餘的技巧，其實非常容易上手，例如：

1. 出售價值被低估的資產，來膨脹盈餘

　　企業利用出售資產以提升收益之方法，是將市價高於成本或帳面價值的資產予以出售，若這類資產的帳面價值被低估的不切實際，那麼出售這些資產所可能產生的利得將相當可觀，因此，投資人與債權人在檢視來自出售低估資產所產生的非經常性利得時，應特別嚴格，在資產負債表中，較常見的資產低估形式如下：

(1) 企業以合併權益法，列記營運合併所收購的資產，與已出售時，應特別留意企業以合併權益被收購時，其資產是以合併當時的帳面價值列記於合併後企業的資產負債表上，因此，若被收購企業的資產是多年前買進的，這些資產的帳面價值很可能大幅低於目前市價，若以公平市價將這些資產售出，便可隨即列記利得，透過這些資產的出售，企業便可以獲取資產帳面成本與實際公平市價的巨額價值，將被壓抑的盈餘釋出。

(2) 企業多年前收購房地產或其他投資，而這些投資目前已大幅度升值。如果此種資產的帳面價值被低估，再用高於帳面價值的市價出售，所產生之非經常性之利得灌入盈餘。

2. 將資產負債表之項目，重新分類，以創造盈餘

　　按照會計處理方法，企業必須將投資案出售，才能將投資增值的部分，列為收益，但有些企業會將尚未出售的投資增值列為收益，以膨脹淨利。例如「銀行存款」有受限制，應於財報中表明為「受限制資產」及受限制情形，不應列為「現金及約當現金」。

3. 將投資收益之利得列為營業收入之一部分

依一般公認會計原則的規定，每當企業提列一次性收益時，應將這類收益與來自原有的營業繼續部門收益分開列記，當企業把非營業的利得，列入銷貨收入或營業利益中時，分析時應特別提高警覺。

4. 將投資收益或利得列為營業費用之減項

有的企業透過一次性利得或其他非營業收益，列為營業費用之減項，將費用隱藏起來，例如：

(1) 企業自其退休基金資產中獲得意外之利得，導致其提報之退休金費用減少，或甚至出現退休基金收益，因為許多企業都將退休金費用納入營業費用中，某些情況下，退休基金資產投資所形成之利得可能會超過退休基金費用，而形成退休基金收益，一般來說，在多頭市場中，超額提撥退休基金之企業可能會獲得超額利潤，因為高額之投資收益，已經使得企業退休基金超額之情況相當普遍。

(2) 企業自處分投資案中獲得意外利得，並將這些利得列為營業費用的減項，企業必須在損益表中列記投資收益科目，並將其與一般性營業收益分開列記，利用一次性利得來直接抵銷營業費用，也是以人工方式來膨脹營業收入之計謀。

四、第四種：將本期應認列之費用往後期或前期移轉

一般來說，企業總會盡量剔除費用相關的項目，或是將本期應承認之費用，往下期移轉，以虛灌本期盈餘，例如：

1. 企業可以將攤銷的成本速度放慢

之所以會採用此種方法，是因為：

(1) 折舊或攤銷的速度放慢，可以使資產留在資產負債表的時間延長，使企業有較高的淨值。

(2) 沖銷速度減緩，可以使費用變低，而可提高本期淨利，所以，如果某家企業，沖銷固定資產的速度變慢，則須特別留意，一般可以以產業別作區分，發展技術較快的產業，沖銷的速度應較快。

財務報表分析
Financial Statement Analysis

2. 未沖銷毀損的資產

一般而言，當資產出現大量毀損，該資產必須立即全額銷毀，不必再逐年攤銷。

3. 將一般性營業成本資本化

特別是指創造本期效益之部分，將其資本化，把這些成本移轉至未來才提列，亦即這些成本被不當列記為資產，而這些資產將在未來各期進行攤銷，最常被用來進行不當攤銷之成本，例如：行銷與推銷成本、利息成本、軟體及其研發成本、開辦費及維修與保養成本。

(1) 行銷與推銷成本

多數企業都會花錢為他們的產品或服務推銷，而一般公認會計原則則認為企業應將此類之成本提列為費用，當做短期性營業成本。

(2) 利息成本

依照我國財務會計準則委員會公布財務會計準則公報之內容，可以將利息資本化之資產，只有供企業本身使用而購置之資產，或專案建造生產以供出租或出售之資產，而不得將利息資本化之資產，是指經常製造或重覆大量生產之存貨，已供貨或已能供營業使用之資產，以及目前雖未能供營業使用，惟亦未在進行使其達到可供使用之必要購置或建造工作之資產。

(3) 軟體及其研發成本

軟體初期研究與發展成本，或自行研發的軟體成本，一般都應予以費用化，當專案達到技術可行性的階段時所發生的成本也是一樣，予以費用化，若是有將大量之軟體成本資本化，或是改變會計政策，開始將費用資本化的企業應予以特別注意。

(4) 開辦費

就像研發成本一樣，開辦費是在發生當期立即提列費用，有時企業因擴大營運而開辦新的設備或店面，而將在開張前發生之部分營業成本予以資本化，例如，零售商與連鎖餐廳，便可能將開店前之訓練成本，與其他關於開辦新設施之成本予以資本化，都是錯誤之會計處理方式。

(5) 維修與保養成本

維修與保養成本很明顯是屬於一般性營業費用，須當期提列，以扣抵本期收益。

一般來說，營業成本包含兩大類，一是創造短期效益之成本，例如，租金、薪資與廣告，另一是創造長期效益之項目，例如存貨、廠房及設備，依照一般公認會計原則規定，創造短期效益之支出應立即提列費用，亦即對於不具未來效益之成本予以費用化，以抵消當期盈餘，而創造長期效益之支出，則先列為資產，在往後期間內，其效益回收時再轉列為費用，亦即將具有未來效益之成本資本化。

4. 改變會計政策，將本期費用移轉至前期

這是一種較長期之解決方案，讓惡質之管理階層得以將相關成本永遠消失，例如，將行銷成本之部分未來費用移轉至前期，而使行銷成本消失，做法如下：企業可能宣布將改變企業之廣告成本之會計方式，亦即不在成本發生時就立即列為費用，而是以各種與當年度單為銷售成本有關之預測值為基礎，來提列費用，由於此項會計方法之改變，會導致本期與下期之費用移轉到已經結束之前期，結果這些費用自然從帳面上消失，因為只需在資產負債表交代一下即可，未對損益表造成衝擊。

五、第五種：未列計負債或短列負債

依據會計準則，若企業在未來仍有應盡的義務，則有負債產生，所以若有下列情形發生，則屬於此類會計騙局。

1. 不依法承認費用與相關負債。

2. 將有問題的準備金釋出，並轉入盈餘。

所以有些企業，為什麼會在重整時，支出發生後，卻出現盈餘增加的情形，其實都是屬於財務騙局。

3. 未來仍有未盡的義務，卻在收現時，入帳為營業收入。

許多企業都在他們獲利實現前，便收取現金，並將其列為營業收入，如此獲利將高估，財務報表將誤導大眾。

綜上所述，我們可以再整理以下容易產生財務騙局企業之操作手法：

1. 透過外商銀行進行財務操作。

2. 經常發行海外公司債，在由海外轉投資企業轉換為普通股，再賣出以挪用資金。

3. 為隱藏虧損金額，而透過海外控股子公司以高價購買海外孫公司。

4. 以假外資真炒股拉抬自家股票價格。

5. 企業重要幹部均為親戚或已經家族化。

6. 董監事股權質押比率超過 50%，且持續增加，可能是少數股分之股東控制大部分股東之權益。

7. 年年轉投資卻又年年虧損，而又年年增資或發行公司債投資。

8. 關係人資金往來或背書保證過多，且又有嚴重虧損。

9. 頻頻更換會計師或相關財務主管，以掩飾虧損，增加分析之難度。

10. 若將員工分紅配股以市價當成薪資費用，由盈轉虧，導致投資者支付過高之股票價格。

11. 屬於高風險之行業，卻採取高負債比率經營，且使營業收入變動幅度鉅大增加財務風險。

12. 為維持營業榮景，創造假交易。

13. 為美化財務，維持股價，利用海外企業與總公司交易。

14. 以外商銀行之定期存單列為現金，使債權銀行誤以為現金部位安全。

15. 出售假債權，例如：先以人頭公司，向國內外銀行貸款，再以企業之資金向銀行購買人頭公司之債權，亦即拿人頭公司債，套取企業之現金。或是，一手向外商銀行推出公司債，另一方面卻拿公司企業給人頭公司，再來買公司債在市場上，公司債可以以股票代替，在大量出脫換取現金。

16. 為營造營收成長之假象，虛設人頭公司，充當客戶來進行交易，以維持股價或向銀行取得融資。

17. 以股票充當貨款，來拉抬股價。

18. 關係企業負責人與母公司之董事長，皆為同一人，若有產生問題易有連鎖效應，導致營業風險與財務危機。

19. 運用境外企業進行衍生性金融商品之操作。

20. 有些企業會將業務部門獨立成唯一家新的企業，且將製造部門便成另一家新的企業，來進行買價與賣價之控制，以操縱企業盈餘。

第三節　財務報表窗飾之意義與目的

所謂窗飾是指企業在財務報表編製完成之前，運用一切方法來改善或美化財務報表之經營成果及財務狀況之行為。而企業之所以要窗飾其主要的目的有下列五項：

一、為了逃稅

企業經營即使有賺錢，但為了不願繳太多的稅，會故意漏開發票，逃漏營業稅，或營所稅，或是貨款收入並未入帳，而是將所收貨款視為股東來款，如此會造成股東往來暴增，另外一種逃稅方式是無進貨事實，但向外索取假的進貨發票，以增加成本，達到少繳稅的，如果企業內部，實際毛利偏高，且帳面存貨較實際存貨多時，往往會將帳面存貨轉列成本出帳，以達到降低稅負的目的，其他一般較常見的逃稅方法，還有將製造費用轉為營業費用，以降低全年所得；或是，薪資虛列人頭，及無宴客事實而向餐廳索取發票等。

二、為了爭取或維持銀行貸款

企業如果經營成果不佳，或營運發生重大虧損，銀行可能不與增貸或不與續約，如此將更嚴重影響企業之經營，故為了維持或爭取銀行貸款，企業可能會利用窗飾行為來美化企業之財務報表，例如：將次年度之收入提前到今年度來入帳，使本年度能轉虧為盈，或是，先減資後增資，或是將銀行貸款之利息支出故意漏列等等。

三、為了維持股價或能核准增資

上市上櫃公司，如果財務報表申報虧損，則直接反映在股價上，股價會因此而下跌，此時若向主管機關申請現金增資案，恐怕會被駁回，而無法籌措自有資金，而且，財務報表申報虧損，也會遭銀行否決貸款或不與續約，外來資金之籌措也會受影響，如此一來，企業勢必發生週轉困難，為了生存下去，企業只好窗飾來求生存，而常見之手法有：處分閒置之土地或低成本高市價之土地與關係企業，短期投資變更為長期投資，提前催收應收帳款，延後支付應付票據，攤提損失年限拉長，高估存貨價值，利用關係企業買高賣低，跟關係企業作交易等等。

四、所得平坦化(income smoothing)

企業管理階層企圖利用財務上之操縱來降低所得波動之幅度性，例如：在所得年度較高的時候，減少盈餘之認列，在所得年度較低的時候，增加盈餘之認列，使所得波動幅度不致受營運之影響，有太大幅度之波動。一般來說，財會部門很容易利用營業外之項目來影響所得及盈餘水準。

五、沖大澡(take a big bath)

企業管理階層在所得盈餘較不好之年度，乾脆將所有未來可能發生之損失及費用，在該年度一次承認完成，如此在以後年度，即不必再認列這些費用損失，直接承認盈餘即可。

第四節　企業欺騙消費者案例

1. 炒做股價及操縱股價(stock price manipulations)，例如：

(1) 違約交割：不願成交或不履行交割。

(2) 沖洗買賣(wash sales)：以相同帳戶買賣相當數量之有價證券，不轉移證券所有權，所以是「偽作買賣」，其目的是為了擴大交易量，吸引投資者進場。

(3) 相對委託(matched orders)：用不同帳戶來抬高或壓低股價（可以數人串通）。

(4) 人為操縱：對有價證券連續以高價買入或低價賣出，來抬高或壓低價格。

(5) 散布流言：意圖影響有價證券之交易價格。

2. 內線交易(insider's trading)：是指公司內部人利用職務關係，使用未公開且會影響價格之消息，來從事證券買賣，最常見：

(1) 利用大幅調降財務預測之利空消息公告前：賣出股票。

(2) 利用合併及分割受讓之利多消息公告前：買進股票。

從財務報表來看，內線交易頻繁的公司，多為投機取巧的心態，短期會多頭，但曇花一現，中長期反而不佳。

〈時事案例三〉

美化財報被抓包　富邦金上半年獲利減 22 億

　　富邦金要把 2011 年績效搞好看，但金管會不准，原本上半年稅後淨利 174.2 億元減為 151.6 億元。

　　富邦金曾於 8 月 11 日法說會公布上半年自結稅後淨利為 174.2 億元，但是金管會在金融檢查時發現，其子公司富邦人壽於 99 年度及 100 年度第一季期間，就相同股票在短期內有賣出與買進情形，認為在這段期間所編列的「未實現投資利益」與「已實現投資利益」不合理，因此，要求富邦金需重新調整認列。

股東權益不受影響

　　依金管會要求，富邦人壽針對 2011 年第二季財報進行調整，完成前述調整後，上半年稅後淨利雖減少 22.6 億元，但股東權益總額 2,240 億元及每股淨值 26.1 元均未改變，權益不受影響；經調整之後，股東權益項的「金融資產之未實現利益」增加 42.6 億元，「保留盈餘」相對減少 42.6 億元。

炒股不准認列利益

　　金管會官員說，由於富邦人壽第一季頻頻有短線進出同檔股票的情況，甚至有部分交易是在同一個交易日內先賣後買，金管會認為這種作法不合會計原則，因此不准其列為已實現利益。

　　富邦金昨日董事會通過 2011 年上半年度合併稅後淨利調整為 151.6 億元，與 8 月 11 日法說法公布的自結稅後淨利相差 22.6 億元，EPS 從 2.04 元降為 1.77 元。

〈時事案例四〉

美化財報被抓包　張綱維涉掏空遠航逾 35 億　北檢起訴求重刑

　　2020 年臺北地檢署認定遠航董事長張綱維涉侵占遠航公司 13 億餘元，並藉由合庫遠航貸款案將樺福集團旗下公司逾 22 億元本息移轉給遠航，今天依違反證交法等罪起訴張綱維，並求處重刑。檢方起訴指出，遠航公司因前董事長崔湧等人不法行為，財務出現重大危機，向法院聲請重整獲准。張綱維隱匿自身並無足夠財力籌措或引進即時有效資金執

行重整事務的事實，佯裝樺福集團自有資金充裕將注資遠航公司，詐得重整人資格，並取得遠航公司業務經營及財產管理處分權。

檢方表示，張綱維隨後陳報不實重整計畫及隱匿高利貸資金來源，完成增資而獲取復航許可，虛增營收美化財報，並侵占遠航公司資金。檢方查出，張綱維涉嫌在 2015~2016 年間以「轉調樺壹款」名義，侵占遠航公司總計新臺幣 13 億多元。

檢方指出，張綱維明知遠航於 2015 年 10 月 13 日帳上已還清所有關係人代墊款，竟為將樺福集團關係人負債轉嫁拋給遠航公司承擔，於 2016 年間由遠航公司向合作金庫銀行臺北分行貸款 22 億多元，並將核貸款用以代償樺福公司等關係人於安泰銀行現欠 20 億多元。

另外，遠航於 2015 年底重整完成，隔年立即暴增嚴重財務赤字，張綱維等人為避免遠航公司遭民航局裁罰影響航權，明知「小坪頂房地」市場成交量低迷，竟於 2017 年 12 月 29 日將「小坪頂房地」過戶給遠航，讓遠航承受大批爛尾樓與難以整合開發的不動產，遭受重大財產損害。

檢方認定，張綱維涉嫌證券交易法財報不實罪、特別背信罪、公司法、刑法偽造文書、詐欺、業務侵占、稅捐稽徵法、商業會計法、民用航空法等罪。

檢察官認為，張綱維將遠航公司資產充作私人金庫，作為樺福集團資金操作之用，最後竟將手中爛尾樓等不良資產全部拋給遠航公司抵償掏空款項，更將債務藉由官股銀行全盤轉嫁給社會大眾承擔，嚴重違背公司治理原則。

〈時事案例五〉

三角貿易虛增營收　亞化遭抓包

上市公司 2011 年出現以三角貿易虛增營收的現象！亞化(1715)公布 8 月營收達 4.7 億元，創下歷史新高，較 2010 年同期增加 32%，也比 7 月增加 27%，不過仔細查看亞化各產品營收細項，卻發現 8 月營收出現「三角貿易」，金額達 7,339 萬元，占 8 月營收達 15.6%，證交所表示，將要求亞化重新發布 8 月營收數字。

證交所要求重新公告

亞化不只 8 月營收項目中包括三角貿易，7 月就已經有此項目，只是金額僅 1,165 萬元，占營收比重不高，但若兩個月都去除三角貿易營收

金額，7 月營收將比去年同期衰退，僅與 6 月相當，8 月營收則無法創新高，成長力道大打折扣。

所謂「三角貿易」舉例來說，若上市公司買進原料 1 億元，交由中國子公司代工，可以先認列 1 億元營收，製好的成品若以 1.5 億元賣到美國，這 1.5 億元還可以再認列營收，一樣產品認列兩次營收，造成營收虛胖，等到會計師審核財報時才會將 1 億元營收沖銷，但會計師簽核的財報出爐通常都是營收公布後一個月或更久，股價早已反映營收公布時情況。

亞化：營收不用沖銷

證交所表示，幾年前曾經出現不少公司營收包含三角貿易金額，雖然並未違法，但後來調整規定，只要自結營收與會計師核閱財報後的營收金額，差異達 10%以上，就相關公司發布重大訊息更正，這是以電腦程式計算，所以虛增營收的公司都躲不掉，因此以三角貿易虛增營收的情況逐漸減少。

國內會計師也認為，「上市櫃公司有義務將重覆計算的營收自行沖銷」，否則會造成財報的銷貨收入虛增、營收數字灌水，而且有製造股票利多的嫌疑。

亞化則表示，8 月營收的「三角貿易」項目，是因為公司組織調整，部分前由轉投資公司接單改為亞化直接接單出化，是扎扎實實的營收，不用沖銷，下個月這個項目就會拿掉，另外營收增加有一部分是反映調漲產品報價。

REVIEW ACTIVITIES

習題

1. 為何會有會計騙局產生？

2. 會計騙局基本上可分為哪五種？

3. 如何分析出營收被虛增？

4. 何謂窗飾？其目的有哪些？

5. 企業如何逃稅？

FINANCIAL STATEMENT ANALYSIS

CHAPTER

07

分析財務報表的方法

財務報表分析其實不難，但很多人看到一大堆報表與數字，總是不知如何下手，其實它的邏輯很簡單，主要是利用比較的概念，最重要是跟過去比，跟其他同業比，或是比較不同的會計項目之間的比率。

第一節　動態分析(dynamic analysis)

就不同年度的財務報表的相同項目，加以比較分析，以了解其變動情形與趨勢，掌握企業之可能發展方向，所以又叫橫的分析或水平分析(horizontal analysis)或時間序列分析，其主要是用來了解企業之發展歷程及策略的執行方向，常用的動態分析有：

一、比較財務報表

即直接比較各期數字的差異，然後計算其變化幅度，又可分為

1. 絕對數字增減變動法：直接比較其數字之增減。

2. 增減百分比分析：比較其增減及百分比。

例如：

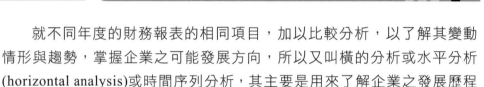

×公司
簡易比較損益表
民國××2年度

	××2年	××1年度	增減金額	增減%	增減比率
銷貨淨額	1843000	1493000	350,000①	23.44②	1.23③
銷貨成本	1223000	937000	286,000	30.52	1.31
銷貨毛利	620,000	556,000	64,000	11.51	1.12

×公司
簡易比較資產負債表
民國××2年度

流動資產：	××2年	××1年度	增減金額	增減%	增減比率
現金	42,000	50,500	(8,500)	(16.83)	0.83
應收帳款	280,000	230,000	50,000	21.74	1.22
存貨	107,000	96,0000	11,0000	11.46	1.11

① =1,843,000−1,493,000=350,000

② =350,000÷1,493,000=23.44%

③ =1,843,000÷1,493,000=1.23

以下數字，以此類推。

二、趨勢分析

就三期以上之財務報表某一項目加以分析，以其中一期為基期，計算其餘各期之百分比，最好是比較三期以上，較易了解其報表變動之趨勢；其中尤以 3 至 15 年為最佳，因為過短看不出其趨勢，過長，則容易受物價水準變動影響，導致會計科目比較性欠缺，而其主要意義在於利用這些轉換後之數字，比較各類收支之成長或衰退速度，藉以觀察企業發展之速度，以適時補給財務資料，同時找出問題之所在，以掌握改善之時機。而其基期有下列三種認定方式：

1. **固定基期**：固定以某期之數字，做為基期之數字，例如以最早之一期為固定基期，即為 100%，再將同一項目其他各期的金額，除以固定基期之金額，分別求出各期之百分數。

2. **變動基期**：以前一期之數字，作為後一期之基期數字，即為 100%，亦即同一項目後一期之金額除以前一期之金額，求得後一期之百分數。

3. **平均基期**：以各期之平均數字，做為基期之數字，即 100%，再將各期同一項目的金額，除以平均金額，分別求得該項目各期的百分數。

作趨勢分析時，應注意下列事項：

1. 基期金額不可為零或是負數。

2. 會計原則或政策有變動時，應先調整再做分析。

3. 趨勢分析也可以季或月為單位分析。

4. 最好能有絕對數字來輔以比較，才不會誤判。所以基期的選擇非常重要，因為基期若有異常情況，會扭曲整個趨勢分析的結果。

茲舉例說明如下：

（單位：萬元）

	1×1 年	1×2 年	1×3 年	1×4 年	1×5 年
現金	$86,460	$88,100	$80,050	$78,324	$73,114
應收帳款	123,477	119,697	128,322	162,350	153,490
存貨	93,181	120,381	101,437	129,345	144,381

① 固定基期之趨勢分析

	1×1 年	1×2 年	1×3 年	1×4 年	1×5 年
現金	100	102	93	91	85
應收帳款	100	97	104	131	124
存貨	100	129	109	139	155

② 變動基期之趨勢分析

	1×1 年	1×2 年	1×3 年	1×4 年	1×5 年
現金	100	102	91	98	93
應收帳款	100	97	107	127	95
存貨	100	129	84	128	122

③ 平均基期之趨勢分析

	1×1 年	1×2 年	1×3 年	1×4 年	1×5 年	平均數
現金	106	108	99	96	90	81,210
應收帳款	90	87	93	118	112	137,467
存貨	79	102	86	110	123	117,745

第二節　靜態分析(static analysis)

對同一年度財務報表中之各項目間加以比較，以找出其中有意義之關聯，常用的方法有：

一、 共同比財務報表分析(common-size financial statement)

共同比財務報表分析：即利用一共同基準，將財務報表中的數字轉換為百分比，以方便做比較分析，因為可從各會計科目所占之比重來分解出其在財務報表之重要性，並能提出結構性之資訊，所以又叫「結構性分析」。

　　靜態分析之計算，大多依照財務報表之順序，由上而下，所以又叫縱的分析或垂直分析(vertical analysis)。

1. 資產負債表：以總資產為 100%，其餘項目作分子之%列式。

2. 損益表：以銷貨收入或銷貨淨額為 100%，其餘項目作分子之%列式

　　現舉一例，説明如下：

X 與 Y 公司
簡易比較資產負債表
民國××年

單位：萬元

流動資產：	X 公司		Y 公司	
	金額	百分數	金額	百分數
現金	$83	7.2①	$95	7.2
應收帳款	214	18.7②	150	11.8
存貨	227	19.8	186	14.7
預付費用	31	2.7	24	1.9
流動資產合計	$555	48.5	$455	35.9
固定資產：				
土地	549	47.9	773	61.0
無形資產：	41	3.6	40	3.1
資產總計	$1,145	100	$1,268	100

① ＝83÷1145=7.2%
② ＝214÷1145=18.7%

　　以下數字，以此類推。

X 與 Y 公司
簡易比較損益表

單位：萬元

	X 公司		Y 公司	
	金額	百分數	金額	百分數
銷貨收入	$1,408	100	$1,530	100
銷貨成本	1,054③	74.9①	1,001	65.4
銷貨毛利	354④	25.1②	529	34.6
營業費用：				
推銷費用	203	14.4	198	12.9
管理費用	116	8.2	98	6.4
營業利益	35	2.5	233	15.2

① ＝ ③1,054÷1,408=74.9%→表示為了產生 100 元之銷貨，必須投入 74.9 元之銷貨成本。
② ＝ ④354÷1,408=25.1%

以下數字，以此類推；由此可知，此種方法之優點在於

1. 使資產及營收不同之公司，透過數字之轉換，可以加以比較。

2. 從不同之會計科目占比重之大小，可看出其重要性之差異。

3. 可用來分析不同公司或不同產業之間的結構性差異。

但其缺點是無法看出每個會計科目之增減變化及趨勢。

二、比率分析(ratio analysis)

將財務報表中具有意義的兩個相關項目，計算比率，就該比率本身或其變動情形，以判斷某種隱含的意義。由於比率分析的範圍箱當廣，所以在下一章專章介紹。

第三節　特定分析

特定分析，一般可分為下列五項：

一、毛利變動分析

毛利率＝營業毛利÷營業收入

是獲利能力及成長性的重要指標，一般來説，毛利率較高的企業，股價通常也易走高，因為，毛利率高代表企業產品有較強的市廠競爭力，例如：技術創新、企業行銷能力強、產品掌握市場趨勢等等，使得此家企業擁有競爭優勢，或是此家企業有較高的生產技術水準，或採購議價能力，使得成本降低，才能有較高的毛利率。同理，若一家企業的毛利率在走下坡，可能產品有較多的競爭者，導致產品售價被迫降低，毛利率也被調降，或是原物料價格飆漲，成本無法轉嫁，只好被迫提高營業成本，而使毛利率降低，一般而言，固定成本占營業成本比重較高的企業，毛利率變動的情況會較大，而且，毛利率也會因企業成本分攤原則不同，而有不同的結果，所以，分析毛利率時，最好和營業利益率一起

比較，因為某些企業會把一些屬於銷貨成本的費用，刻意放在營業費用當中，導致毛利率雖高，但營業利益率卻不高，所以，要觀察企業的產業競爭力的強弱時，最好毛利率和營業利益率一併觀察，再進一步分析毛利率變動的原因，是售價？成本？數量？還是銷售組合的問題？由此可知，影響毛利率變動的因素，至少有下列四項：

（其中

P1＝標準售價

P2＝實際售價

Q1＝標準銷量

Q2＝實際銷量

C1＝標準成本

C2＝實際成本）

1. 產品售價改變

其造成之差異，稱為銷售價格差異(sales price variance)，而

銷售價格差異

＝實際銷量×標準售價－實際銷量×實際售價(Q2P1-Q2P2)

2. 各項製造成本改變

例如：直接材料、直接人工、製造費用，其所造成之差異，稱為成本價格差異。

成本價格差異(cost price variance)

＝實際銷量×實際成本－實際銷量×標準成本(Q2C2-Q2C1)

＝Q2(C2-C1)

3. 銷售數量改變

其會影響銷貨收入及銷貨成本，所以包含：

(1) 銷貨數量差異(sales volume variance)

A. ＝實際銷量×標準售價－標準銷量×標準售價(Q2P1-Q1P1)

＝P1(Q2-Q1)

B. 同理可推，銷售價格差異

=實際售價×實際銷量－標準售價×實際銷量

=P2Q2-P1Q2=Q2(P2-P1)

(2) 成本數量差異(cost volume variance)

　　A. =實際銷量×標準成本－標準銷量×標準成本(Q2C1–Q1C1)

　　 =C1(Q2–Q1)

　　B. 同理可推，成本價格差異

　　 =實際成本×實際銷量－標準成本×實際銷量

　　 =C2Q2-C1Q2

　　 =Q2(C2-C1)

4. 出售產品的組合改變

其差異稱為銷售組合差異(sales mix variance)

=（標準售價×實際銷量－標準成本×實際銷量）－標準售價×

實際銷量×（標準銷貨毛利／標準售價×標準銷量）

(P1Q2-C1Q2)-P1Q2[(P1Q1-C1Q1)/P1Q1]

現舉例說明如下。

A co.進銷資料

項目	××1 年度			××2 年度	
銷貨收入	@$10×10,000	=	$100,000	@$12×9,000	=	$108,000
銷貨成本	@7×10,000	=	70,000	@8×9,000	=	72,000
銷貨毛利			$ 30,000			$ 36,000

試為 A.co 分析銷貨毛利增加之原因。

解：

　　P1=10 元，P2=12 元

　　C1=7 元，C2=8 元

　　Q1=10,000 件，Q2=9,000 件

(1) 銷售數量差異：$(Q2-Q1) \times P1 = (9,000-10,000) \times 10 = -10,000$ ⇨ 不利差異。

(2) 銷售價格差異：(P2–P1)×Q2＝(12–10)×9,000＝18,000 ⇨ 有利差異。

結合(1)(2)兩項差異：有利 8,000。

(3) 成本數量差異：(Q2–Q1)×C1＝(9,000–10,000)×7＝–7,000 ⇨ 有利差異。

(4) 成本價格差異：(C2–C1)×Q2＝(8–7)×9,000＝9,000 ⇨ 不利差異。

綜合(3)(4)兩項差異：不利 2,000。

再次綜合(1)～(4)項：總差異為有利 6,000，所以銷貨毛利上升 6,000 元。

二、損益兩平分析(break-even point)

其主要概念來自於成本利潤數量分析(cost-volume-profit analysis)，簡稱 CVP 分析，從英文名稱可以知道，此分析是以成本和產銷數量為基礎，以了解對於利潤的影響，所以損益兩平分析，要先找到損益兩平點 break-even point(BEP)，亦即營業收入與營業成本相等的數量，此數量不賺也不賠，但是當銷售量超過一定數字後，此時總收入會大於總成本，若總收入增加的速度比總成本增加的速度還快，則表示銷售量越增加，獲利的成長力也會大幅增加。所以，損益兩平分析，可以提供營業風險的資料，透過銷售量的估計，分析損益波動的大小，產品組合利益預算擬訂等。

所以，一般來説，若碰到景氣好轉，營業收入超越損益兩平點，而繼續快速成長時，表示該企業股價會看漲，反之，若營收額大幅滑落，跌破損益兩平點後，且越離越遠，此時獲利衰退的程度，也會令人難以想像，所以，若碰上景氣蕭條，銷售量總是難以起色，至少管理人員要嚴格控制成本，降低損益兩平點，才能提早進入獲利狀態，由此可知，固定成本較低的企業，要達到損益兩平點所要求的銷售數量較低，而固定成本較高的企業，則需要較高的銷售量，才能突破損益兩平點，而要如何計算損益兩平點呢？之前有提到固定成本，一般，我們會把總成本區分成變動成本與固定成本，所謂的變動成本，是指會隨著產量的變動而變動的成本，例如：直接原物料、水電費、產品運費、燃料費、包裝費等等，而不會隨著產量的變動而變動的成本，例如：廠房租金、利息費用、底薪、基本電費等等就是固定成本，所以根據之前的定義，要達

到損益兩平點，即營業收入＝營業成本＝固定成本＋變動成本，所以，營業收入－變動成本＝固定成本，亦即（單位售價－單位變動成本）×銷售量＝固定成本，所以損益兩平點的銷售量＝固定成本÷（單位售價－單位變動成本），若有預期希望達到之利潤，則其銷售量＝（固定成本＋預期利潤）／（單位售價－單位變動成本）。

所以，由公式可知，分子是固定成本，表示固定成本越高，損益兩平點的銷售量要越高，反之，固定成本越低，損益兩平點的銷售量也可降低，亦即，固定成本低的企業，比較容易先進入獲利狀態（見下圖）。

而計算損益兩平點，應注意下列事項：

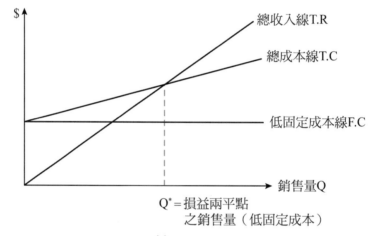

(a)

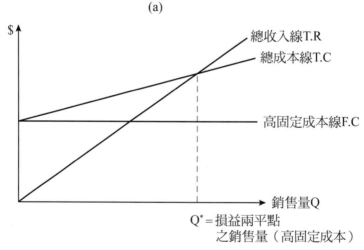

(b)

圖 7-1

1. 所有成本及費用都要區分為固定及變動。

2. 若採月薪制的企業，薪資在攸關產能範圍內，視為固定成本。

3. 營業外之收入與支出亦應考慮。

4. 損益兩平點是稅前概念，所以，營所稅不計入。

現舉一例說明如下。

A 公司銷售風扇，每個售價$200 元，變動成本$150，每年固定成本 $60,000，則

(1) 損益兩平點之銷貨量＝60,000÷(200-150)＝1200（個），其銷貨額： 200×1,200＝240,000 元。

(2) 若預期利潤為$24,000 元，則銷售量＝(60,000＋24,000)÷(200-150) ＝1680（個）；銷售額＝200×1,680＝336,000 元。

一般來說，損益兩平點的比率在 60%以下時，對企業之財務狀況而言是安全的，反之，若損益兩平點在 60%以上，尤其是 90%以上，企業之財務狀況是危險級的，所以損益兩平點之比率越高，企業因應景氣變化之能力越弱，當景氣變弱時，需有較雄厚之本錢來應對。

三、新式比例分析

目前常見的新式財報比率分析與傳統的比率分析（下章會做專門介紹）比較，相當複雜，要計算前，甚至需大幅調整四大報表之項目，再透過電腦程式之計算，所以認識它們且知如何運用即可。

1. EVA(economic value added)：**經濟附加價值**

是用來衡量企業經營績效指標，之所以會有此新的衡量指標，是考慮股東投入資金，有其機會成本，所以即使 EPS 為正，但 EVA 卻小於 EPS，表示公司營運利潤不足以負擔資金成本，管理階層沒有有效運用公司資金，而

EVA＝稅後營業淨利－總成本×稅後資金成本

在 EVA 的公式當中，之所以要用「稅後」的資金成本，是因為負債融資所支付的利息，可以當作會計上的費用，來抵減所得稅，所以計算時，以稅後基礎來表示。

另外，一般資金成本包含了負債成本、特別股成本、保留盈餘成本（又叫內部權益資金成本，屬於機會成本）及普通股成本（又叫外部權益資金成本），我們可以計算整體的「加權平均資金成本」(weighted average cost of capital, WACC)，而

$$WACC = Wd \times kd \times (1 - t\%) + We \times ke + Wp \times kp$$

其中 Wd 表示負債的權數

$\quad$ kd 表示負債的資金成本

$\quad$ t% 表示稅率

$\quad$ We 表示普通股的權數

$\quad$ ke 表示普通股的資本成本

$\quad$ Wp 表示特別股的權數

$\quad$ kp 表示特別股的資金成本

一般而言，公司最常使用負債、普通股及特別股三種資本要素，例如公司資本結構為長期負債 30%，特別股 20%，普通股 50%，稅前資金成本分別為 10%、11.11% 及 18%，公司所得稅率為 25%，則 WACC=30%×10%×(1-25%)+50%×18%+20%×11.11%=13.47%。

企業應避免作一些低於資金成本的投資，要好好運用股東的資金，有些心術不正的上市公司老闆，會挪用公司資金，去填補虧損的事業，即使稅後淨利有獲利，但 EVA 可能早已虧損多年。

2. RCE(return on capital employed)：**資本使用報酬率**

資本使用報酬率，用來衡量財務績效，以了解管理階層，是否有效率的使用資本？一般而言，績優公司的 RCE 較高，反之，則較低，較低的 RCE 公司，表示公司消耗企業本身的資本，減損股東的權益。

$\quad$ RCE

$\quad$ = EBIT(earnings before interest and tax) / NCE(net capital employed)

$\quad$ = 稅前息前淨利／資本淨額

$\quad$ = （稅前淨利＋利息費用）／（總資產－流動負債）

四、主要客戶分析

　　營業收入及利潤增減狀況，透過主要客戶分析，可以了解客戶毛利貢獻度是因為價格或數量之因素產生，據此以作為開拓客戶及營業狀況分析之標準。

　　至於哪些客戶值得分析？

1. 營業收入占總營業收入之 1%或 3%以上之客戶。

2. 營業收入排行前 20 大之客戶。

3. 應收帳款排行前 20 大之客戶。

4. 帳齡超過期限之客戶。

五、主要供應商之分析

　　主要是分析各供應商前後年度之採購量之增減，以及採購價格變化對利潤之影響，其主要分析如下：

1. 採購額占總採購額 3%廠商。

2. 採購排行前 20 大之廠商。

3. 採購價變動 1%以上之廠商及原料。

4. 採購量變動之廠商應付帳款排行前 20 大之廠商。

5. 未付款超過期限之廠商。

6. 應付帳款資金流出之結構。

REVIEW ACTIVITIES
習題

一、選擇題

( ) 1. 下列何者是財務報表分析的方法？　(A)比率分析　(B)趨勢分析　(C)共同比財務報表　(D)以上皆是。

( ) 2. 下列何者並非財務報表分析的方法？　(A)比較分析　(B)趨勢分析　(C)技術分析　(D)比率分析。

( ) 3. 下列何者為財務報表特定分析方法？　(A)毛利變動分析　(B)同型百分比分析　(C)敘述性資料分析　(D)比率分析。

( ) 4. 下列何者為窗飾之作法？　(A)低列備抵壞帳　(B)將去年底已進的貨今年才登記　(C)去年出貨給關係人，今年則有大筆的銷貨退回　(D)以上皆是。

( ) 5. 下列何者不屬於財務報表成分的分析(component analysis)？(A)將一企業分成不同部門進行分析　(B)將一企業分成不同地理區域進行分析　(C)將財務報表中的某一項目與同年度報表另一項目的相對比率進行分析　(D)分析某一項目不同年度間的變動情形。

( ) 6. 下列何項是屬於動態分析？　(A)計算某一財務報表項目不同期間的金額變動　(B)計算某一資產項目占資產總額的百分比(C)計算某一期間的總資產週轉率　(D)將某一財務比率與當年度同業平均水準比較。

( ) 7. 何項不屬於動態分析？　(A)絕對金額比較　(B)絕對金額增減變動比較　(C)百分比變動比較　(D)和同業平均水準比較。

( ) 8. 比較分析時，有哪些限制（無法計算）？　(A)基期為零　(B)基期為正，比較年為負　(C)基期為負數　(D)以上皆是。

( ) 9. 共同比(commnon-size)財務報表的分析是屬於：　(A)結構分析(B)比較分析　(C)趨勢分析　(D)比率分析。

( ) 10. 連結多年或多期財務報表間,相同項目或科目增減變化之比較分析,稱為: (A)比率分析 (B)垂直分析 (C)水平分析 (D)共同比分析。

( ) 11. 為計算各期某項目與基期相關項目之百分比關係,是屬於下列何種分析? (A)比較分析 (B)比率分析 (C)結構分析 (D)趨勢分析。

( ) 12. 菱生公司在共同比財務分析中,若比較基礎為損益表者,應以何項目作為 100%? (A)淨利 (B)銷貨成本 (C)銷貨淨額 (D)銷貨折讓與退回。

( ) 13. 一般所稱「橫向分析」,係指: (A)趨勢分析 (B)比率分析 (C)結構分析 (D)比較分析。

( ) 14. 下列何項屬於靜態分析? (A)計算本期流動資產較上期增減之金額 (B)計算本期流動資產占基期流動資產金額之百分比 (C)計算本期流動資產占總資產之比率 (D)計算本期期末流動比率並與同業其他公司以往的平均流動比率比較。

( ) 15. 共同比(Commnon-size)分析是屬於哪些種類的分析?A.結構分析 B.趨勢分析 C.動態分析 D.靜態分析 (A)B 和 C (B)A 和 D (C)A 和 C (D)B 和 D。

( ) 16. 下列何者為動態分析? (A)同一報表科目與類別的比較 (B)不同期間報表科目互相比較 (C)比率分析 (D)相同科目數字上的結構比較。

( ) 17. 下列敘述何者有誤? (A)將財務報表項目之增減金額與增減百分比相比較,分析者對於增減金額較感興趣 (B)財務分析時,如果無形資產不具任何價值應予以消除 (C)財務報表分析在投資決策中仍為一項不可忽視之基本分析方法 (D)財務報表分析的目的之一為預測出企業未來發展趨勢。

( ) 18. 將損益表中之銷貨淨額設為 100%,其餘各損益項目均以其占銷貨淨額的百分比列示,請問是屬於何種財務分析的表達方法? (A)動態分析 (B)趨勢分析 (C)水平分析 (D)靜態分析。

( ) 19. 下列何項是屬於動態分析？ (A)計算某一財務報表項目不同
期間的金額變動 (B)計算某一資產項目占資產總額的百分比
(C)計算某一期間的資產週轉率 (D)將某一財務比率與當年度
同業平均水準比較。

( ) 20. 下列哪一報表通常不作共同比分析？ (A)資產負債表 (B)損
益表 (C)現金流量表 (D)選項(A)、(B)、(C)皆非。

( ) 21. 共同比(common-size)財務報表中會選擇一些項目作為 100%，
這些項目包括哪些？A.總資產；B.股東權益；C.銷貨總額；D.
銷貨淨額 (A)A 和 C (B)A 和 D (C)B 和 C (D)B 和 D。

( ) 22. 下列何者為比較財務報表分析的限制？ (A)前後兩期營業性
質不同無法比較 (B)前後兩期會計方法不一致無法比較 (C)
前後兩期物價水準不一致無法比較 (D)選項(A)、(B)、(C)皆是。

( ) 23. 對共同比財務報表分析的敘述，下列何者為非？ (A)共同比資
產負債表係以股東權益總額為總數 (B)損益表以銷貨淨額為
總數 (C)有助於了解企業之資本結構 (D)適用於不同企業之
比較。

( ) 24. 連續多年或多期財務報表間，相同項目或科目增減變化之比較
分析，稱為： (A)比率分析 (B)垂直分析 (C)水平分析 (D)
共同比分析。

( ) 25. 下列哪一種情況發生時，將無法採用「共同比」(common-size)
的分析方式比較兩個年度的損益表？ (A)第一年的盈餘為負
值 (B)第二年的盈餘為負值 (C)當選項(A)或(B)發生時都不能
用共同比的分析方式 (D)即使盈餘為負值仍可使用共同比的
分析方式。

( ) 26. 編製共同比(common-size)損益表時： (A)每個損益表項目均以
淨利的百分比表示 (B)每個損益表項目均以基期金額的百分
比表示 (C)當季損益表項目的金額和以前年度同一季的相對
金額比較 (D)每個損益表項目以銷貨淨額的百分比表示。

( ) 27. 共同比(common-size)分析是屬於哪些種類的分析？甲.趨勢分
析；乙.結構分析；丙.靜態分析；丁.動態分析 (A)乙和丙 (B)
甲和丁 (C)甲和丙 (D)乙和丁。

( ) 28. 一般來說，負債比率越高，財務槓桿程度？ (A)越高 (B)越低 (C)不變 (D)不一定。

( ) 29. 懷安公司銷貨在 60,000 單位時，營運資產報酬率 15%（稅前、息前報酬率），營運資產週轉率 5，營運資產$1,000,000，營運槓桿度等於 5，則該公司損益兩平銷貨量為何？ (A)48,000 (B)62,500 (C)75,000 (D)選項(A)、(B)、(C)皆非。

( ) 30. 設甲產品之單位售價由$1 調為$1.2，固定成本由$400,000 增至$600,000，變動成本仍為$0.6，則損益兩平數量會有何影響？ (A)增加 (B)下降 (C)不變 (D)不一定。

( ) 31. 邊際貢獻率的定義是： (A)總製造費用÷銷貨收入 (B)1－（邊際貢獻金額÷銷貨收入） (C)1－（銷貨毛利÷銷貨收入）(D)（銷貨收入－總變動成本）÷銷貨收入。

( ) 32. 在產品售價不變的情況下，若生產某商品的總固定成本與單位變動成都下降，對其邊際貢獻率與損益兩平銷貨收入有何影響？ (A)邊際貢獻率下降，損益兩平點上升 (B)邊際貢獻率上升，損益兩平點下降 (C)邊際貢獻率下降，損益兩平點下降 (D)邊際貢獻率不變，損益兩平點上升。

( ) 33. 大王光碟製造廠今年初推出其最新產品快速光碟機，此新產品線的邊際貢獻率為 40%，損益兩平點為$200,000，假設今年度此新產品替大王公司帶來$48,000 的利潤，其今年度所出售的光碟機約為： (A)$462,222 (B)$320,000 (C)$325,000 (D)$120,000。

( ) 34. 其他情況不變，下列哪一種情況會提高損益兩平點？ (A)固定成本上升 (B)變動成本占銷貨的比率下降 (C)邊際貢獻率上升 (D)售價上升。

( ) 35. 某企業今年度的銷貨收入為 150 萬元，變動成本為 90 萬元，固定費用為 45 萬元，預估明年度固定成本為 60 萬元，邊際貢獻率不變，但企業希望明年度的淨利能達 25 萬元，請問其目標銷貨收入成長率應為多少？ (A)16.7% (B)41.7% (C)0 (D)33.3%。

( ) 36. 大西洋公司當年度固定成本及費用$10,000，營運槓桿 1.2，銷貨收入$100,00，試問該公司邊際收益率為何？　(A)60%　(B)50%　(C)40%　(D)選項(A)、(B)、(C)皆非。

( ) 37. 南投公司 XX 年銷貨額$1,000,000，變動營業成本及費用$600,000，稅後淨利$90,000，財務槓桿 1.6，固定營業費用$200,000，所得稅率 25%，稅後普通股股利$20,000，稅後特別股股利$18,000，則其營業損益兩平銷貨額？　(A)$500,000　(B)$600,000　(C)$700,000　(D)選項(A)、(B)、(C)皆非。

( ) 38. 下列各項成本中，哪一項應歸類為固定成本？　(A)用聯邦快遞將商品送達顧客處的運費　(B)支付給業務員的佣金　(C)工廠作業員的加班費　(D)工廠警衛所領的薪資。

( ) 39. 立大公司在 XX 年銷售了 10,000 個產品，每個產品售價為 100元，每單位之變動成本為 60 元，固定成本為 250,000 元，請問立大公司之營運槓桿程度約為？　(A)2.7　(B)4　(C)3.2　(D)2.4。

( ) 40. 欲算出損益兩平的銷售金額，我們需要知道總固定成本與：　(A)每單位變動成本即可　(B)每單位售價即可　(C)每單位變動成本及售價即可　(D)每單位售價減去平均每單位固定成本即可。

( ) 41. 下列哪一個項目不會影響到損益兩平點？　(A)總固定成本　(B)每單位售價　(C)每單位變動成本　(D)現有的銷售數量。

( ) 42. 某企業今年度的銷貨收入為 300 萬元，變動成本為 180 萬元，固定費用為 90 萬元，預估明年度固定成本為 120 萬元，邊際貢獻率不變，但企業希望明年度的淨利能達 50 萬元，請問其目標銷貨收入成長率應為多少？　(A)16.7%　(B)41.7%　(C)0　(D)33.3%。

( ) 43. 力山企業產品單位售價為 100 元，單位變動成本為 80 元，則單位邊際貢獻為：　(A)1.25　(B)20　(C)0.8　(D)0.2。

( ) 44. 市場對於監視器的需求快速的增加，但整個產業是完全競爭的。一個監視器工廠的投資成本為 2,000 萬元，每年的產能為500 台，生產成本每單位為 2,000 元，且預期在將來也不會改

變，若工廠的使用壽命為無限長，資金成本為 10%，則在完全競爭的情形下，監視器之售價每台將為： (A)$3,000 (B)$4,000 (C)$5,000 (D)$6,000。

( ) 45. 下列何種情況下，邊際貢獻率一定會上升？ (A)損益兩平銷貨收入上升 (B)損益兩平銷貨單位數量降低 (C)變動成本占銷貨金額百分比下降 (D)固定成本占變動成本的百分比下降。

( ) 46. 計算一項產品損益平衡的銷售單位時，不需考慮下列哪一項目？ (A)單位售價 (B)單位變動成本 (C)總固定成本 (D)毛利率。

二、計算題

1. 下列是國華公司第 1~4 年之部分損益資料 ，試以趨勢分析之三種不同基期方法分析之。

	第 1 年	第 2 年	第 3 年	第 4 年
銷　貨	$100,000	$120,000	$140,00	$90,000
銷貨成本	50,000	60,000	60,000	45,000
毛　利	$50,000	$60,000	$80,000	45,000

2. 根據第 1.題之資料，試用比較財務報表之兩種方法，來計算第一年及第二年之變化。

3.

B 公司進銷資料如下：

XX 年度	年初預算數		年終預算數	
銷貨收入	@$60×5,000 =	$300,000	@$55×6,000 =	$330,000
銷貨成本	@$40×5,000 =	200,000	@$45×6,000 =	270,000
銷貨毛利		$ 100,000		$ 60,000

試為 B 公司分析銷貨毛利減少之原因。

4. C 公司經銷書架，每個變動成本為$75 元，售價$100 元，固定成本$40,000，則其損益兩平點之銷售量及銷售額各為多少？若預期賺$30,000 元，則應有多少銷售量及銷售額？

5. 試就中華公司下列之財務報表資料，以共同比分析方法分析其財務狀況及經營成果。

中華公司
資產負債表
第××1年及第××2年12月31日

	第××2年		第××1年	
	金額	百分比	金額	百分比
資　　產				
流動資產				
現　金	$38,000		$42,000	
有價證券	40,000		54,000	
應收帳款（淨額）	152,000		172,000	
存　貨	178,000		202,000	
預付費用	20,000		24,000	
流動資產合計	$428,000		$494.000	
固定資產				
土　地	$400,000		$300,000	
房　屋	680,000		538,000	
減：累計折舊	(255,000)		(188,000)	
辦公設備	360,000		300,000	
減：累計折舊	(108,000)		(77,000)	
固定資產合計	$1,077,000		$873,000	
資產總計	$1,505,000		$1,367,000	
負債及股東權益				
流動負債				
應付帳款	$140,000		$150,000	
應付薪資	26,000		25,000	
應付所得稅	58,000		85,000	
流動負債合計	$224,000		$260,000	
應付公司債	$500,000		$400,000	
負債總計	$724,000		$660,000	
股　　本				
特別股，8%，面值$100	$150,000		$150,000	
普通股，面值$10	270,000		240,000	
資本公積	107,000		80,000	
保留盈餘	254,000		237,000	
股東權益總計	$781,000		$707,000	
負債及股東權益總計	$1,505,000		$1,367,000	

中華公司

損　益　表

第××1 年及第××2 年度

	第××2 年度		第××1 年度	
	金額	百分比	金額	百分比
銷貨收入	$1,450,000		$1,300,000	
銷貨退回	150,000		100,000	
銷貨淨額	$1,300,000		$1,200,000	
銷貨成本	740,000		670,000	
銷貨毛利	$560,000		$530,000	
營業費用				
推銷費用	150,000		145,000	
管理費用	197,000		205,000	
營業純益	$213,000		$180,000	
非營業純益				
利益費用	30,000		24,000	
稅前純益	183,000		156,000	
所得稅	73,000		60,000	
本期純益	$110,000		$96,000	
普通股平均流通股數	27,000		24,000	
每股盈餘	$3.63		$3.50	

6. 承上題，以增減百分比分析中華公司經營績效。

山陽公司比較資產負債表

民國××2 年及××1 年 12 月 31 日

資　　產	金額（單位：千元）		增（減）	
	××2 年	××1 年	金額	百分比(%)
流動資產	310,890	306,783		
現金及約當現金	70,325	62,823		
短期投資	41,712	50,000		
應收款項淨額	61,144	59,019		
存　貨	125,864	127,342		
其他流動資產	11,845	7,599		
長期資產	38,668	39,883		
固定資產	649,112	601,587		
土　地	351,900	351,900		
廠房設備淨額	242,891	249,152		
未完工程及預付款	54,321	535		

無形資產	29,441	31,691
其他資產	2,263	2,924
資產總計	1,030,374	982,868
負債及股東權益		
流動負債	225,668	156,450
短期借款	153,684	91,994
應付款項	71,743	63,115
其他流動負債	241	1,341
其他負債	195,804	197,600
負債合計	421,472	354,050
股東權益	608,902	628,818
股　本	339,000	339,000
資本公積	150,553	150,553
保留盈餘	119,349	139,265
負債及股東權益總額	1,030,374	982,868

山陽公司比較損益表

民國××2年及××1年度

	金額（單位：千元）		增（減）	
	××2年	××1年	金額	百分比(%)
銷貨淨額	496,237	539,064		
營業成本	409,768	440,871		
營業毛利	86,469	98,193		
營業費用	76,460	79,027		
營業淨利	10,009	19,166		
業外收入	8,094	6,130		
業外支出	42,792	9,563		
稅前淨利（淨損）	(24,689)	15,733		
所得稅	(4,773)	4,971		
稅後淨利（淨損）	(19,916)	10,762		

FINANCIAL STATEMENT ANALYSIS

CHAPTER

08

比率分析

第一節　比率分析之意義與目的

　　所謂的比率分析，是就財務報表中具有意義的兩個相關的項目（例如：流動資產和流動負債）計算比率，就該比率本身，或其變動情形，以判斷某種隱含的意義，就其目的而言，希望能將複雜的財務資訊予以簡化，藉以獲得明確與清晰的概念。就短期債權人而言，最關心的是短期的償債能力。就長期債權人而言，長期財務狀況的分析，是他們所注意的。而一般企業管理人員與股東所注意的，又是獲利能力與經營能力之分析。

　　而要從事比率分析之前，比率須符合以下之條件：

1. 比率須具有財務管理上之涵義。

2. 比率之分子與分母於算數邏輯上必須互相配合。

3. 比率必須與其他目標比率相比較，而有關之目標比率可分為：

(1) 代表水準

　　A. 企業歷史平均比率。

　　B. 同業一般平均比率。

(2) 代表目標

　　A. 企業預算比率。

　　B. 同業績優比率。

　　另外，就比率之種類來區別：

1. 就比率之形式劃分

(1) 綜合比率分析(component ratios analysis)，亦即共同比率分析。是將同一財務報表內所列各個項目，占總數之比率與以分析，如上一章之共同比財務報表分析。

(2) 個別比率分析(salient ratios analysis)：亦即特定比率分析。是將同一財務報表內，或不同財務報表間所列各項，擇其重要且具有財務管理上之涵義者，求出其相互關係之比率，包含：

A. 資產負債表比率分析：亦即財務狀況分析，又稱靜態比率分析 (static ratios analysis)：是以資產負債表中所列之各項目，分別求出其相互關係之比率，資產負債表之比率是以用分析企業之財務狀況，因為資產負債表是表示編制日財務狀況之報表，屬於靜止狀態，故又稱靜態比率分析。

B. 損益表比率分析，亦即營業成果分析，又稱動態比率分析(dynamic ratios analysis)：是以損益表所列各項目，分別求出其相互關係之比率來分析，損益表比率是用以分析企業之經營成果，故又稱動態比率分析。

C. 資產負債表及損益表聯合比率分析：亦即經營績效分析，又稱補充比率分析(supplementary ratios analysis)：是以資產負債表和損益表內有關的各項目，做某種有價值之比率分析，可用來分析企業之經營效能，此種比率分析，既不屬於資產負債表比率分析，也不屬於損益表比率分析，所以又稱為補充比率分析或增補比率分析。

2. 就資料之來源劃分

(1) 資產負債表比率。

(2) 損益表比率。

(3) 現金流量比率。

(4) 混合比率。

3. 就分析之標的劃分

(1) 短期償債能力分析。

(2) 長期償債能力分析及資本結構分析。

(3) 短期報酬率分析。

(4) 資產運用效率分析。

(5) 經營成果分析。

(6) 資金流量分析。

(7) 物價水準變動分析。

(8) 生產力與成長力分析。

　　本書以第 3 類「分析之標的」為分類之標準，而使用比率分析有以下之優缺點：

※優點

1. 了解相關項目之相對關係。

2. 與同業之財務比率比較，可了解本企業之財務實力。

3. 與本企業前後期比率比較，可偵測財務結構及經營績效，並可預測企業未來之變化趨勢。

※缺點

1. 比率之數字，是表示財務報表內各項目間之關係，同一個比率可以包含幾個不同之數字。

2. 比率完全是個抽象之數字，並非財務報表上之金額，要了解比率與實際金額之關係。

3. 用各別比率分析法來分析財務報表時，需注重於兩個項目間之關係，不容易觀察全表之各項目之相互關係。

　　有鑑於以上之缺點，比率分析有以下之改進之道：

1. 配合比較分析：比率分析是一橫的分析，注重各個項目間關係之分析，分析時只侷限於了解某一項目之情形，而比較分析是一種縱的分析，注重整個企業各項目的增減變化分析，可以觀察整個企業之情形。

2. 配合趨勢分析：趨勢分析是就三期以上之財務報表，某一項目加以分析，以其中一期為基期，計算其餘各期之百分比，可了解未來之變化情形。

3. 查核企業本身財務狀況，經營情形及經營效能。

第二節　短期償債能力分析

　　短期債權人所關心者，即為企業之短期償債能力，亦即流動性，而所謂流動性，是指資產轉換成現金，或負債到期清償所須之時間長短，所以短期償債能力，即在評估企業之流動性，亦即企業以流動資產支付流動負債之能力，又稱為支付能力，一般而言，永久性之資產，由長期資金供應；季節性資產，由短期資金供應，此為配合法。若不論永久性或季節性資產，皆由長期資金供應，稱為保守法，另有折衷法，永久性資金由長期資金供應，季節性資產，一部分來自長期資金，一部分由短期資金供應，而短期償債能力之重要性如下：

1. **對企業而言**：若缺乏短期償債能力時

(1) 無法獲得有利之進貨折扣之機會，於銷售條件中，買方位於現金折扣期間付款，而於付款日付款時，其喪失折扣之機會，便會產生資金顯性成本。

(2) 若無力支付短期負債時，會被迫出售固定資產。

(3) 若無力償還債務時，可能導致破產之厄運。

2. **對債權人（包括銀行，及往來企業）而言**：若缺乏短期償債能力時

(1) 利息及本金之支付遭致拖延影響資金之調度與運作。

(2) 企業之信用受損，勢必緊縮信用額度，提高資金成本。

3. **對股東、投資者而言**：缺乏短期償債能力時

(1) 降低獲利性

(2) 提高風險

(3) 投資報酬率受影響

4. **對顧客及供應商而言**：缺乏短期償債能力時，因無法正常營運，依約完成客戶訂單，而失去客戶，所以，短期償債能力代表的是企業支付能力、企業授信能力、企業信用程度的及企業應變風險能力。

　　常見有下列四種比率：

1. 流動比率(current ratio)

又叫做流動資金比率(working capital ratio)，或銀行家比率、銀行界比率、運用資本比率、清償比率、二對一比率。公式如下：

流動比率＝流動資產／流動負債

之所以又叫「二對一比率」是因為比率若在 2 以上，則為良好程度，若在 2 以下，則存有疑慮。

此比率為一相對數字，用來(1)測驗企業短期流動性之能力，亦即流動資產抵償流動負債之能力；(2)顯示短期債權人之安全邊際程度；(3)測驗企業運用資本是否充足，比率越高，則短期償債能力越強，較無週轉問題。而：

流動資產－流動負債＝淨營運資金(net working capital)

淨營運資金為一絕對數量，會受公司資產規模、營業額等因素之影響，一般而言，流動資產是指現金、應收票據、應收帳款、存貨、預付費用等，流動負債指應付票據、應付帳款、短期借款等，流動比率如小於一，亦即流動資產小於流動負債，代表企業之流動資產，不足以抵償流動負債，可能面臨償債能力不足，事實上，流動比率並無一定之標準，端視公司所處產業，本身之資產結構及資金調度能力而定，例如營建業之營業循環較長，現金轉換之速度較慢，所以須維持較高之流動比率，以應對突發之資金需求，而零售業之循環較短，無須維持過高之流動比率，以免造成資金之閒置及資源之浪費。另外，利用流動比率來分析之優點如下：

(1) 流動比率顯示流動資產抵償流動負債之程度，比率越高表示流動負債受保障程度越高。

(2) 流動資產超過流動負債之部分，表示企業用以彌補非現金資產變現損失之安全邊際多寡，亦即吸收資產變現損失之能力，亦可顯示企業遭遇意外損失之應變能力。

但使用流動比率亦有其缺點：

(1) 流動比率是靜態與存量之觀念，無法衡量未來現金流量，且未考慮企業之融通能力，若企業融通能力強，則平時可以維持較低之現金水準，而不影響其未來之短期償債能力，但計算流動比率時，並未將其考慮在內。

(2) 並未考慮流動資產之組成項目，因為各項目轉換成現金之速度並不相同，流動性有很大之差異性。

(3) 流動負債實際上是一種資金來源，在流動比率卻變成負債處理，因為流動負債中，最主要是應付帳款與應付票據，都是賒帳購進貨物或勞務產生，由於能夠賒帳，企業能夠節省一筆資金，所以流動負債實際是一種資金來源，而非在流動比率中，要消耗流動資產之債務。

2. **速動比率**(quick ratio)

又叫酸性測驗比率(acid-test ratio)，公式如下：

速動比率＝速動資產／流動負債

此比率用以測驗在極短時間內之短期償債能力，其較流動比率有更嚴格之標準，一般以 1 為標準，表示每一元之流動負債有一元之速動資產可供償還，一般而言，速動資產是由流動資產扣除不易立即變現之存貨與預付費用等，因為流動比率增加，可能是存貨滯銷或預付費用增加所致，對短期償債能力並無改善效果，故再以速動比率測驗之。如果企業之流動比率與速動比率差距過大，代表企業之存貨比率高，存貨高表示企業銷售情況不佳或存貨之控制不當，造成現金積壓，成長型企業存貨消化快，流動比率與速動比率之差距不會太大，反之營運走下坡之企業兩者之差距會擴大。

3. **應收帳款週轉率**(account receivable turnover)

又叫應收帳款週轉次數，是指應收帳款在一年中回收之次數，公式如下：

應收帳款週轉率＝賒銷淨額／平均應收帳款

平均應收帳款＝（期初應收帳款＋期末應收帳款）÷2，若無期初之資料，可用期末資料代替。

用來測驗應收帳款收現的速度與收帳之效率，比率越高表示收帳能力越強，使償債能力提升，若無賒銷資料，可用銷貨淨額代之，另外，也可以 365 天或 360 天除以應收帳款週轉率，即得平均收帳期間，（又稱應收帳款週轉天數或平均收現天數），而平均收帳天數越短，表示應收帳款流動性越大。

4. 存貨週轉率(inventory turnover)

又叫存貨週轉次數，是指存貨一年當中出售的次數，公式如下：

存貨週轉率＝銷貨成本／平均存貨餘額

用來測驗存貨出售的速度與存貨額是否恰當，比率越高表示存貨越低，資產使用效率越高，另外，也可以 365 天（或 360 天）除以存貨週轉率，即得存貨平均銷售期間，（或叫存貨週轉天數），表示週轉一次需多少天數，若將存貨平均銷售天數與應收帳款平均收帳期間相加，即為企業之營業週期，亦即自現金投入購買存貨，將存貨出售，轉成應收帳款，再將應收帳款收回，轉換成現金，所需之時間，營業週期越長，所需用之運用資金亦越大。

第三節　長期財務狀況分析

長期債權人較關心企業的長期償債能力，而企業的長期償債能力，則主要來自於其健全的資本結構及獲利能力，所謂資本結構是指負債與股東權益的關係，而一般用來分析長期償債能力之比率約有下列四項：

1. 負債比率(liability ratio)

負債比率＝負債總額／資產總額

此比率用來測驗企業總資產中，由債權人提供之資金比率的大小，比率越低，表示由債權人提供之資金越少，亦即，資金多來自股東所提供，對債權人的保障亦較高，相反的，若負債比率越高，表示企業之資金多由債權人所提供，對債權人的保障相對較小，亦即企業之資本結構較不健全。

2. 固定資產對長期負債之比率

顧名思義，此比率＝固定資產淨額／長期負債，用以表示以借入長期資金購置之固定資產占全部固定資產之比率，由於固定資產是使用於營業之用，故適合長期負債所取得之資金購買，一般常用此比率測驗償還本金與利息的安全保障，比率越高，越有保障，與此比率相關的有：固定資產對長期資金比率，此比率＝固定資產淨額／（股東權益＋長期負債），此比率表示固定資產之資金來源與長期資金運用之關聯，若比率大於百分之百，則表示企業以短期資金移作長期使用，故風險加大，對長期債權人較無保障。

3. 賺取利息倍數(times interest earned)

又叫利息保障倍數，是以稅前及減除利息費用前之純益除以當期之利息費用，此比率＝減除所得稅及利息費用前之純益／本期利息費用＝（稅後淨利＋所得稅＋利息費用）／本期利息費用

此比率用以測驗企業由營業活動所產生之盈餘，支付利息之能力，倍數越大，表示企業付利息的能力越大，對債權人越有保障。

4. 普通股每股帳面價值(book value per share)

又叫每股權益(equity per share)，此比率表示每一普通股可享有之權益，是指就資產負債表所列之股東權益數額為準，所計算出每股份應有之權益，若有特別股，則需分開計算。

(1) 特別股每股帳面價值＝特別股股東權益／特別股流通在外之股數

(2) 普通股每股帳面價值＝（股東權益總額－特別股股東權益）／普通股流通在外之股數

所謂獲利能力，是指企業賺取盈餘或投資報酬之能力，股東之所以願意投資公司股票，乃著眼於該公司之獲利能力，一般獲利能力，可由下面兩方面觀察，一為股東獲利能力，二為企業獲利能力。

一、股東獲利能力

是指股東投資於某企業所獲得之投資報酬率，常見之比率有下列四種：

1. 每股盈餘(earning per share, EPS)

指每股普通股於一會計年度所賺取之利潤，用來測驗股東每股股份獲利能力大小的指標，每股盈餘＝（稅後淨利－特別股股利）／普通股流通在外加權平均股數，每股盈餘越高，表示該企業越值得投資。

2. 本益比(price/earning, P/E)

又叫價格盈餘比，表示投資人對每一元之盈餘，所願付出的價格，當本益比越大，表示股東所要求之投資報酬率越小，可能是此類型的公司，未來有較大的發展潛力，或盈餘可能會大幅增加，使投資人對該公司寄望於未來，但風險亦相對較高，相反的，本益比低，則投資報酬率越高，但再增加的幅度亦有限，此類型多為較成熟之企業，未來成長能力有限，但投資風險亦相對較小。

3. 殖利率(dividend yield ratio)

又叫現金收益率或股利收益率＝每股股利／每股市價，表示股票投資人，可獲得之投資報酬率。

4. 每股保留盈餘(per share retained earnings)
＝每股盈餘－每股股利

用來評估公司的財務績效與財務狀況，表示公司每年創造的盈餘有多少被投入未來業務發展，投入越多，對公司越有利。

二、公司獲利能力分析

是指分析公司賺取盈餘之能力常用有下列五種：

1. **資產報酬率**(return on assets, ROA)

資產報酬率＝{稅後淨利＋利息費用×（1－稅率%）}
／平均資產總額

若無利息費用，則：

資產報酬率＝稅後淨利／平均資產

用以測驗運用資產所得之獲利能力，當公司資產報酬率越高，表示經濟資源運用效率越高，獲利能力越強。

2. **股東權益報酬率**(return on equity, ROE)

股東權益報酬率＝稅後淨利／平均股東權益

用來衡量自有資本之運用效率，此報酬率越高，表示股東的獲利能力越強，若把股東權益報酬率除以資產報酬率(ROE/ROA)，即得財務槓桿指數(financial leverage index)，當財務槓桿指數大於一時，表示企業之財務槓桿作用（舉債經營）有利，反之則不利。

3. **純益率**(profit margin)

又叫利潤率或利潤邊際，純益率＝稅後淨利／銷貨淨額，表示每一元銷貨中所獲得之稅後利潤，可更了解企業之經營情況。

純益率越高，表示經營能力越好。

4. **長期資本報酬率**(return on long-term capital)

用來衡量公司長期債務債權人及股東，所能獲得之報酬率。所以長期資本報酬率＝〔稅後淨利＋利息費用×（1－稅率）〕／平均長期資本。

5. **營業淨利率**

用來衡量本業之獲利能力，及營業淨利率＝（營業毛利－營業費用）／營業收入。

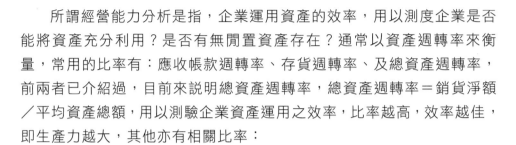

第五節　經營能力分析

　　所謂經營能力分析是指，企業運用資產的效率，用以測度企業是否能將資產充分利用？是否有無閒置資產存在？通常以資產週轉率來衡量，常用的比率有：應收帳款週轉率、存貨週轉率、及總資產週轉率，前兩者已介紹過，目前來說明總資產週轉率，總資產週轉率＝銷貨淨額／平均資產總額，用以測驗企業資產運用之效率，比率越高，效率越佳，即生產力越大，其他亦有相關比率：

1. 固定資產週轉率＝銷貨淨額／平均固定資產淨額

　　用來測驗企業運用固定資產，創造收入之能力。

2. 股東權益週轉率＝銷貨淨額／平均股東權益

　　用來測驗企業運用股東資金創造收入之能力。

3. 總資產週轉率＝銷貨淨額／平均總資產

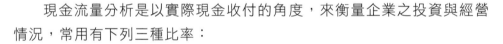

第六節　現金流量分析

　　現金流量分析是以實際現金收付的角度，來衡量企業之投資與經營情況，常用有下列三種比率：

1. 現金流量比率，又可分為

(1) 流動現金負債保障比率(current cash debt coverage ratio)：

　　　　此比率＝營業活動淨現金流量／流動負債

用來衡量由營業活動產生之現金，償付流動負債之能力，比率越高，流動性越強，此比率與流動比率很類似，一般而言，流動比率不得小於 1，否則，公司資金週轉易發生困難，而流動現金負債保障比率，以維持在 50%以上資金週轉較為充裕。

(2) 現金負債保障比率(cash debt coverage ratio)：

此比率＝營業活動淨現金流量／負債總額

用來衡量由營業活動所產生之現金償付所有負債之能力，若企業連長期負債都能償還，表示其償債能力非常強。

2. 現金流量允當比率(cash flow adequancy ratio)

又叫現金流量適合率，或現金流量充足比率。

此比率＝最近五年度營業活動淨現金流量／（最近五年度之資本支出＋存貨增加額＋現金股利）

比率用來測驗企業之營業活動產生之現金，是否足夠支付資本支出，存貨淨投資及現金股利之發放？此比率若大於 1，表示企業足夠支付，此比率若等於 1，表示企業可由內部所產生之資金來支付，不需向外融資，此比率若小於 1，則必須向外籌措資金，才能支付。

3. 現金再投資比率(cash flow reinvestment ratio)

此比率＝（營業活動淨現金流量－現金股利）／
（固定資產毛額＋長期投資＋其他資產＋營運資金）

此比率用來衡量，將營業活動所產生之現金，予以保留，並再投資於資產的比率，比率越高表示企業自發性之再投資能力越強，不需向外舉債或增資，一般而言，若有 8%~10%之水準，即是相當不錯的。

4. 現金週轉率(cash turnover)

此比率用來評估企業持有現金餘額是否恰當？所以現金週轉率＝營業收入淨額／平均現金餘額，數值越高，表示公司持有現金所發揮之效益越大；反之，則越小。

5. 每股淨營業現金流量－每股現金股利＝每股保留現金流量，此表示公司能由內部產生必要財源，用以再投資營運業務，不必向外借錢。

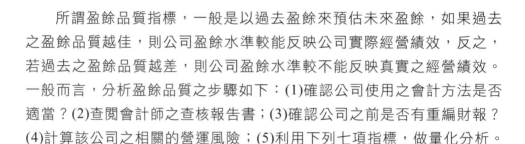

第七節　盈餘品質指標(earning quality)

所謂盈餘品質指標，一般是以過去盈餘來預估未來盈餘，如果過去之盈餘品質越佳，則公司盈餘水準較能反映公司實際經營績效，反之，若過去之盈餘品質越差，則公司盈餘水準較不能反映真實之經營績效。一般而言，分析盈餘品質之步驟如下：(1)確認公司使用之會計方法是否適當？(2)查閱會計師之查核報告書；(3)確認公司之前是否有重編財報？(4)計算該公司之相關的營運風險；(5)利用下列七項指標，做量化分析。

1. 存貨指標

是利用存貨相對於銷貨收入之非預期變動來衡量，若指標大於 0，表示銷貨成長率超過存貨累積的速度，代表存貨控管適當，盈餘會增加。

存貨增加之百分比

＝（本年度存貨－前兩年之平均存貨）／前兩年之平均存貨

銷貨增加之百分比

＝（本年度銷貨收入－前兩年之平均銷貨）／前兩年之平均銷貨

存貨指標＝（銷貨收入增加之百分比－存貨增加之百分比）＞0

2. 應收帳款指標

是應收帳款相對於銷貨收入之非預期變動，若指標大於 0，表示應收帳款催收良好，產品銷售佳。

應收帳款增加之百分比＝（銷貨收入增加之百分比－前兩年之平均應收帳款）／前兩年之平均應收帳款

應收帳款指標

＝（銷貨收入增加之百分比－應收帳款增加之百分比）＞0

3. 毛利指標

是指銷貨收入相對於銷貨毛利之非預期變動，若指標大於 0，表示獲利能力超過銷貨收入之成長。

毛利增加之百分比＝（本年度銷貨毛利－前兩年之平均銷貨毛利）／前兩年之平均銷貨毛利

毛利指標＝（毛利增加之百分比－銷貨收入增加之百分比）＞0

4. 銷管費用指標

是指銷管費用相對於銷貨收入之非預期變動，若指標大於 0，表示銷管費用未因銷貨增加而增加。

銷管費用增加之百分比＝（本年度銷管費用－前兩年平均銷管費用）／前兩年平均銷管費用

銷管費用指標
＝（銷貨收入增加之百分比－銷管費用增加之百分比）＞0

5. 備抵壞帳指標

是指應收帳款相對於備抵壞帳之非預期變動，若指標大於 0，表示備抵壞帳提列充足，充分表達當期財務報表。

備抵壞帳增加之百分比＝（本年度備抵壞帳－前兩年平均備抵壞帳）／前兩年平均備抵壞帳

備抵壞帳指標
＝（備抵壞帳增加之百分比－銷貨收入增加之百分比）＞0

6. 研發費用指標

是指產業平均研發費用，相對於企業研發費用之非預期變動，若指標大於 0，表示企業研發費用高於同業，雖不利於盈餘，但對企業之長期發展有幫助，但仍不宜過高。

研發費用之百分比＝（本年度研發費用之百分比－前兩年研發費用之百分比）／前兩年研發費用之百分比

研發費用指標

＝（研發費用增加之百分比－同業研發增加之百分比）＞0

7. 員工生產力指標

是以每位員工銷售額表示員工生產力之高低，若指標大於 0，代表企業員工生產力成長，有利於盈餘。

員工生產力指標＝（本期員工平均銷售額－前期員工平均銷售額）／前期員工平均銷售額＞0

〈相關時事〉

證交所十絕招　揪出地雷股

證交所主管也提供投資人遠離地雷股的「十招」。其實這十招就是證交所在篩選地雷股的方法，以看透財報不佳公司，遠離地雷股。

1. **公司長年虧損**：如果公司超過 6 年沒賺錢，一年虧損比一年嚴重，也配不出股息，投資人應該及早避開。

2. **負債比過高**：一般上市公司若負債比超過 66%，就會引起證交所注意；超過 66%，等於有三分之二的資金是借貸而來，槓桿比重過高，資金壓力大。

3. **流動比率過低**：所謂流動比率就是該公司流動資產／流動負債，判斷之流動資產支應流動負債的短期償債能力。一般如果低於 100%，就會被篩選中，表示該公司償債能力不佳。

4. **速動比率過低**：速動比率＝（流動資產－存貨－預付費用）／流動負債，主要是判斷公司能否有足的高變現性的速動資產。例如銀行存款、短期投資等支應償還流動負債的能力，一般都會低於流動比率，若數字過低應該避開。

5. **背書保證過高**：例如高於淨值的一倍，或甚至更高，表示萬一被背書的公司倒閉，公司就會扛下大筆債務，同樣會被證交所關注。

6. **衍生性金融商品操作積極**：閱讀財務報告附註中金融商品相關資訊，留意因衍生性商品產生的損益是否過大、淨部位餘額占實收資本額比率是否逾 20%。

7. **資金貸與他人過高：**證交所特別留意不正確的資金貸與，尤其流程不實，或貨與關係人比重過高，都會留校察看，甚至要求召開重大訊息記者會。

8. **關係人交易比例過高：**如果該公司關係人的進貨及銷貨的比例過程，或逐期增加，且比一般人交易收款期限較長，有變相融資嫌疑，未來甚至可能演變為掏空。

9. **預付款項過高：**同樣是為關係人變相資金融通，金融過高應避開。

10. **存貨週轉率及應收帳款週轉率過低：**這兩個數字應該要跟同業比較，如果相對同業較低，表示營運情況不佳，值得留意。

　　證交所主管說，千萬別以為低價股向上空間大，股價淨值比差距過大終會還其公道。其實股價低一定有理由，財務數字會說話，反應其應有的價值。

　　證交所主管指出，相關的財務數字，都會在財報中揭露，投資人可以從公開資訊觀測站中的「公司營運概況」下，找到需要的數字。如果對財報內容有不懂的地方，也可以上證交所網站，在投資人教育專區中，新手上路的選向下，有宣導手冊。投資人可找到閱讀上市公司財務報告應注意事項，內容詳細豐富，閱讀過後，才可降低踩到地雷的風險。

〈相關時事〉

看財報、對照股價　避開雷區

　　投資人多看財務報表真的能避開地雷嗎？法人表示，如果再搭配股價及長期財務情況，準確性可大幅提高，並且長期觀察經營者誠信，應可降低踩到地雷的機會。

　　法人表示，財報顯示的都是當季或是當年的經營成果，數字出來股價多數都已經反應。當然，負債比等財務數字不佳，經營階層壓力也會比較大。但公司獲利不易，不一定跟地雷股劃上等號，還是有公司營運改善，從黑名單上剔除。

　　基本上財報有一定的參考價值，例如去年爆發問題的中福、秋雨，就是因為資金貸與他人過程不當，爆發掏空疑雲。法人說，其中上市櫃公司共有擇高風險的財務不佳的公司，這些公司法人都是敬而遠之，更何況是資訊較法人落後的散戶呢？

法人建議，其實可多參考每年績效都排行前三分之一的基金，以該基金持股前五大公司，當作自己的買賣標的。

〈相關時事〉

財報數字祕密　教你看懂

重量級法説會密集登場，上市櫃公司每年齊步公布第 3 季財報，法人表示，財報將牽動法人持股策略，因此投資人也須了解財報數字所透露的意義。其中，毛利率、營業利益率最能透析公司產品是否具備競爭力，也攸關高階訂單比重、製程良率的表現。

上市櫃公司每季公布的損益表中，由上而下依序公布項目為營收、營業成本、營業毛利、營業費用、營業利益等，上述數字即可計算出毛利率、營益率等獲利能力數字。

其中，毛利率是企業經營的第一線指揮，計算公式為營業毛利（營收－營業成本）除以營收，若毛利率高且優於同業，顯示企業產品具有高附加價值、高進入門檻或具寡占優勢。

毛利率變動因素，尚包括原物料報價、人工薪資、製程良率、產品報價、匯率等，若企業毛利率每季提升並具有延續性，則顯示產品具有競爭力，且不怕競爭對手殺價競爭。

營益率部分，公式則是營業利益（營收－營業成本－營業費用）再除以營收，是企業每創造 1 元營收所能到的獲利；當營益率轉佳時，代表著企業體質因新產品效益、規模經濟、管理能力產生轉變，這些效益都會顯現在營益率。

另外，財報觀察重點還包括公司現金流量、企業舉債、負債，應收帳款收現天數、股東權益報酬率等，可藉此觀察企業體質是否良好。

上市櫃公司的財報觀察重點

類別	項目	意義
獲利能力	毛利率	產品是否具有競爭、高階訂單比重提高、製程良率
	營業利益率	本業的獲利能力
	股東權益報酬率	股東投資公司所能獲得的報酬比率
償債能力	負債比率	了解企業財務結構是否健全
經營能力	存貨週轉率	反映存貨的週轉速度

資料來源：法人

　　財務分析與會計學的目的都是在探討企業的經營，都希望用具體而可量化的金額數字來評鑑企業的價值。

　　指標(index)是各領域分析人員發明並使用的輔助工具，希望能在複雜而看似茫無頭緒的現象中，提供簡明清晰的訊號，幫助他們觀察事理，解讀箇中奧妙，例如股價技術分析指標，以及本篇所要探討的財務分析指標等皆屬之。

　　財務指標的組成要素幾乎都選取自會計報表，熟悉會計科目並靈活應用是學習財務指標分析的基礎。例如，負債比率等各項財務結構指標都源於資產負債表恆等式。但是在這個原則之下，有時也要適度調整才能符合財務分析之所需，舉例來說，財務分析特別重視利息費用 (*I*) 和所得稅率 (*t*) 對企業利潤的影響，在損益表中，利息費用屬於業外支出項目之一，但從事前分析的觀點，我們要假設業外收入與支出僅含利息費用一項，其他所有業外收支項目例如匯兌損益、處分資產損益等，因難以量化控制而皆忽略不計。因此，財務分析上定義的息前稅前淨利(earnings before interest & tax, EBIT)就約略等同損益表上的營業利益；息後稅前淨利 (EBIT – I) 則約略等同於稅前盈餘；息後稅後淨利 ((EBIT – I)(1 – t)) 又約略等同於稅後盈餘。

　　下列架構示意表顯示，會計報表與財務分析相通但略有差異之處，差異的產生主要是為了滿足事前的財務分析之所需。

損益表架構	財務分析架構	備　註
營業收入		
－成本		
毛利		
－費用		
營業利益 ≅	EBIT	假設業外支僅有利息費用
±業外收支	－ I	
稅前盈餘 ≅	EBIT – I	
－所得稅		
稅後盈餘 ≅	(EBIT – I)(1 – t)	t = 有效所得稅率

此外，財務分析上還會探討息前稅後淨利 (EBIT(1−t))，也就是在未扣除利息費用之前，直接從營業利益跳算稅後盈餘，這是不符合會計報表編製原則的，但是在財務管理上卻別具意義，因為財務管理上認為營業利益 (EBIT) 主要是分配給政府、債權人、股東三方的，分別為所得稅、利息費用和稅後盈餘，EBIT(1−t) 就是稅後盈餘和稅後利息的合計：

$$EBIT(1-t) = (EBIT - I + I)(1-t)$$
$$= \underbrace{(EBIT - I)(1-t)}_{稅後盈餘} + \underbrace{I(1-t)}_{稅後利息}$$

財務分析上需要知道可分配給債權人和股東的投資報酬總和是多少，然後才能分析最理想的資本來源組合。

綜合上述四個財務管理上定義不同的利潤如下表，以方便比較：

財務分析	會計科目
息前稅前淨利 = EBIT	營業利益
息後稅前淨利 = EBIT − I	稅前盈餘
息後稅後淨利 = (EBIT − I)(1 − t)	稅後盈餘（本期淨利）
息前稅後淨利 = EBIT(1 − t)	稅後盈餘＋稅後利息

財務指標種類繁多，甚至可以不斷發明、定義而增生，但是重要在於是否提供有效訊息而具有分析價值，投資人都會關心企業的安全性、獲利能力、營運效率、報酬能力、成長性、市場價格表現等問題，本篇各章將按照這些面相對財務指標做分類，而它們之間有些是相互關聯的，必須明瞭前因後果加以融會貫通，不能完全切割獨立。

金融聯合徵信中心的財務分析構面

財團法人金融聯合徵信中心自 1992 年成立以來，每年編製「中華民國臺灣地區主要行業財務比率」，其中將行業分成(1)農林漁牧業；(2)礦業及採取業；(3)製造業；(4)水電燃氣業；(5)營造業；(6)批發及零售業；(7)住宿及餐飲業；(8)運輸、倉儲及通信業；(9)金融及保險業；(10)不動產及租賃業；(11)專業、科學及技術服務業；(12)教育服務業；(13)醫療保健及社會福利及服務業；(14)文化、運動及休閒服務業；(15)其他服務業；共 15 大類，總計 45 項財務比率共 7 個構面（項目），排序列表以顯示臺灣地區各行業的財務特性，供各界參考。

金融聯合徵信中心四十五項財務比率：

項目	比率名稱	計算公式	判定原則 佳	判定原則 否	運用說明 ↗表比率高；↘表比率低
償債能力	流動比率	$\dfrac{流動資產}{流動負債}$	↗	↘	測度企業短期償債能力，本比率正常標準為 200%。就流動性觀點言，本比率越高越佳。
償債能力	速動比率	$\dfrac{速動資產}{流動負債}$	↗	↘	測度企業最短期間內之償債能力，本比率正常標準為100%，就流動性觀點言，本比率越高越佳。
償債能力	短期銀行借款對流動資產比率	$\dfrac{短期銀行借款}{流動資產}$	↘	↗	測度企業對短期銀行借款之償債能力，本比率正常標準低於 50%。就銀行債權保障觀點言，比率越低越佳。
現金流量分析	現金流量比率	$\dfrac{營業活動之淨現金流量}{流動負債}$	↗	↘	作為衡量企業短期償債能力的指標。就債權保障觀點言，本比率越高，能力越強。
現金流量分析	現金再投資比率	$\dfrac{營業活動之淨現金流量－現金股利}{固定資產毛額＋長期投資＋其他資產＋營運資金}$	↗	↘	用以測試營業活動之現金流量支付投資的比率。就企業投資觀點言，本比率越高越佳。
財務結構	固定資產比率	$\dfrac{固定資產}{資產總額}$	↘	↗	測度企業總資產中固定資產所占比例，本比率無一定標準，因行業特性而異。就資金運用觀點言，本比率越低越佳。
財務結構	淨值比率	$\dfrac{淨值}{資產總額}$	↗	↘	測度企業總資產中自有資本（金）所占比例，本比率無一定標準，因企業理財策略而定。就財務結構觀點言，本比率越高越佳。
財務結構	銀行借款對淨值比率	$\dfrac{銀行借款}{淨值}$	↘	↗	測度企業向銀行籌借資金占自有資本之比例，本比率無一定標準，視企業理財策略而定，就銀行債權保障觀點言，本比率越低越佳。

| 項目 | 比率名稱 | 計算公式 | 判定原則 | | 運用說明 |
			佳	否	↗表比率高；↘表比率低
財務結構	長期負債對淨值比率	$\dfrac{長期負債}{淨值}$	↘	↗	測度企業籌借長期負債占自有資金之比例，本比率無一定標準，視企業理財策略而定，就財務結構觀點言，本比率越低越佳。
	長期銀行借款對淨值比率	$\dfrac{長期銀行借款}{淨值}$	↘	↗	測度企業向銀行籌借長期資金占有自資本之比例，本比率無一定標準，視企業理財策略而定，就銀行債權保障觀點言，本比率越低越佳。
	固定資產對淨值比率（固定比率）	$\dfrac{固定資產}{淨值}$	↘	↗	測度企業投入固定資產資金占自有資本之比率，本比率正常標準低於 100%。就投資理財觀點言，本比率越低越佳。
	固定資產對長期資金比率（固定長期適合率）	$\dfrac{固定資產}{淨值＋長期負債}$	↘	↗	測度企業投入固定資產資金占長期資本之比例，本比率正常標準低於 100%。就投資理財觀點而言，本比率越低越佳。
	槓桿比率	$\dfrac{負債總額}{淨值}$	↘	↗	測度企業債權人被保障的程度。本比率無一定標準。就銀行債權保障觀點言，本比率越低越佳。
經營效能	應付款項週轉率	$\dfrac{營業成本}{應付款項*}$	↘	↗	測度企業因營業行為需付帳款週期之長短，本比應配合應收帳款週轉率分析，若後者較長，表企業有週轉困難可能性。就資金週轉觀點言，週轉次數越低越佳。
	應收款項週轉率	$\dfrac{營業收入}{應收款項*}$	↗	↘	測度企業資金週轉及收帳能力之強弱，本比率無一定標準。就資金週轉觀點言，週轉次數越高越佳。
	存貨週轉率	$\dfrac{營業成本}{存貨*}$	↗	↘	測度企業產銷效能、存貨週轉速度及存貨水準之適度性，本比率無一定標準。就資金運用觀點言，週轉次數越高越佳。

項目	比率名稱	計算公式	判定原則		運用說明
			佳	否	↗表比率高；↘表比率低
經營效能	固定資產週轉率	$\dfrac{營業收入}{固定資產}$	↗	↘	測度企業固定資產運用效能固定資產投資之適度性，本比率無一定標準。就資金運用觀點言，週轉次數越高越佳。
	總資產週轉率	$\dfrac{營業收入}{資產總額}$	↗	↘	測度企業總資產運用效能及總資產投資之適度性，本比率無一定標準。就資金運用觀點言，週轉次數越高越佳。
	淨值週轉率	$\dfrac{營業收入}{淨值*}$	↗	↘	測度企業自有資本運用效能及自有資本之適度性，本比率無一定標準。就資金運用觀點言，週轉次數越高越佳。
	營運資金週轉率	$\dfrac{營業收入}{營運資金淨額}$	↗	↘	作為衡量企業營運資金運用效果，本比率無一定標準。就資金運用觀點，本比率越高越佳。
獲利能力	毛利率	$\dfrac{營業毛利}{營業收入}$	↗	↘	測度企業產銷效能，本比率無一定標準。就經營績效衡量觀點言，本比率越高越佳。
	營業利益率	$\dfrac{營業利益}{營業收入}$	↗	↘	測度企業正常營業獲利能力及經營效能，本比率無一定標準。就經營績效衡量觀點言，本比率越高越佳。
	營業利益率（減利息費用）	$\dfrac{營業利益-利息費用}{營業收入}$	↗	↘	測度企業在正常營業下，經減除利息支出後之獲利能力，本比率無一定標準。就經營績效衡量觀點言，本比率越高越佳。
	純益率（稅前）	$\dfrac{稅前損益}{營業收入}$	↗	↘	測度企業當期稅前淨獲利能力，本比率無一定標準。就經營績效衡量觀點言，本比率越高越佳。
	純益率（稅後）	$\dfrac{稅後損益}{營業收入}$	↗	↘	測度企業當前稅後淨獲利能力，本比率無一定標準。就經營績效衡量觀點言，本比率越高越佳。

項目	比率名稱	計算公式	判定原則 佳	判定原則 否	運用說明 ↗表比率高；↘表比率低
獲利能力	淨值報酬率（稅前）	$\dfrac{稅前損益}{淨值}$	↗	↘	測度企業自有資本之稅前獲利能力，本比率無一定標準。就經營績效衡量觀點言，本比率越高越佳。
	淨值報酬率（稅後）	$\dfrac{稅後損益}{淨值}$	↗	↘	測度企業自有資本之稅後獲利能力，本比率無一定標準。就經營績效衡量觀言，本比率越高越佳。
	總資產報酬率（稅前、未加回利息費用）	$\dfrac{稅前損益}{資產總額}$	↗	↘	測度企業當期總資產之稅前獲利能力，本比率無一定標準。就經營績效衡量觀言，本比率越高越佳。
	總資產報酬率（稅後、未加回利息費用）	$\dfrac{稅後損益}{資產總額}$	↗	↘	測度企業當期總資產之稅後獲利能力，本比率無一定標準。就經營績效衡量觀言，本比率越高越佳。
	資產報酬率（稅前、加回利息費用）	$\dfrac{稅前損益＋利息費用}{資產總額}$	↗	↘	加回利息費用所求得之總資產報酬率，較能反映企業投資報投率真正情況，亦可做為衡量企業舉債經營是否有利。就經營績效衡量觀點言，本比率越高越佳。
	資產報酬率（稅後、加回利息費用）	$\dfrac{稅後損益＋利息費用**}{資產總額}$	↗	↘	加回利息費用所求得之總資產報酬率，較能反映企業投資報酬率真正情況，亦可做為衡量企業舉債經營是否有利。就經營績效衡量觀點言，本比率越高越佳。
	折舊＋折耗＋攤銷對營業收入比率	$\dfrac{折舊＋折耗＋攤銷}{營業收入}$	↘	↗	計算折舊、折耗、攤銷占營業收入之百分比，藉以分析企業之費用。就企業成本效用言，本比率越低越佳。
	利息費用對營業收入比率	$\dfrac{利息費用}{營業收入}$	↘	↗	計算利息費用占營業收入之百分比，藉以分析企業之費用。就企業成本效用者，本比率越低越佳。

項目	比率名稱	計算公式	判定原則 佳	判定原則 否	運用說明 ↗表比率高；↘表比率低
倍數分析	利息保障倍數	$\dfrac{稅前損益＋利息費用}{利息費用}$	↗	↘	表達企業以淨利支應利息的能力。就債權保障觀點言，本比率越高越佳
	利息保障倍數（加回折舊、折耗、攤銷）	$\dfrac{稅前損益＋利息費用＋折舊、折耗、攤銷}{利息費用}$	↗	↘	表達企業以淨利支應利息的能力。就債權保障觀點言，本比率越高越佳。
	營業活動之淨現金流量對利息費用比率	$\dfrac{營業活動之淨現金流量}{利息費用}$	↗	↘	表示企業以現金流量負荷利息的能量。就債權保障觀點言，比值越高，流動性越強。
	營業活動之淨現金流量對負債總額比率	$\dfrac{營業活動之淨現金流量}{負債總額}$	↗	↘	表示企業以現金流量負荷總債務的能力。就債權保障觀點言，比值越高，流動性越強。
	自由支配之淨現金流量對負債總額比率	$\dfrac{自由支配之淨現金流量}{負債總額}$	↗	↘	表示企業以可自由支配現金流量負荷總債務的能力。就債權保障觀點言，比值越高，流動性較強。
	營業活動之淨現金流量對短期銀行借款比率	$\dfrac{營業活動之淨現金流量}{短期銀行借款}$	↗	↘	表示企業償付到期債務的能力。就債權保障觀點言，比值越高，流動性越強。
	營業活動之淨現金流量對資本支出比率	$\dfrac{營業活動之淨現金流量}{資本支出}$	↗	↘	表示企業以現金流量支應資本支出的能力。就投資理財觀點言，比值越高，流動性越強。
	資本支出對折舊＋折耗＋攤銷比率	$\dfrac{資本支出}{折舊＋折耗＋攤銷}$	↗	↘	了解企業資本支出與折舊、折耗及攤銷之情況。就企業投資觀點言，比值越高越佳。
資產負債分析	折舊＋折耗對折舊資產毛額比率	$\dfrac{折舊＋折耗}{折舊資產毛額}$	－	－	藉以了解企業所採用之綜合折舊率有無變動或折提列折舊費用是否充足及有無以折舊為均衡各年度淨利之手段。
	累計折舊對固定資產毛額比率	$\dfrac{累計折舊}{固定資產毛額}$	－	－	了解企業以累計折舊占固定資產之比率，藉以顯示企業固定資產使用概況。
	資本支出對固定資產毛額比率	$\dfrac{資本支出}{固定資產毛額}$	↗	↘	藉以顯示企業之資本支出占固定資產毛額的比率。就企業投資觀點言，本比率越高越佳。

| 項目 | 比率名稱 | 計算公式 | 判定原則 | | 運用說明 |
			佳	否	↗表比率高；↘表比率低
資產負債分析	資本支出對固定資產淨額比率	$\dfrac{\text{資本支出}}{\text{固定資產淨額}}$	↗	↘	藉以顯示企業之資本支出占固定資產淨額的比率。就企業投資觀點言，本比率越高越佳。

＊表平均值。
＊＊表稅後利息 I(1−t)

REVIEW ACTIVITIES

習題

一、問答題

1. 何謂獲利能力分析？

2. 何謂營業淨利率？

3. 何謂資產報酬率？請列出正確公式。

4. 何謂權益報酬率？請列出正確公式。

5. 請回答下列問題：

(1) 請寫出資產報酬率(return on assets, ROA)和股東權益報酬率(return on equity, ROE)的公式。

(2) 造成兩者不同的原因為何？

(3) 請寫出兩者之間的關係。

二、選擇題

( ) 1. 相對而言，下列哪一項目較適合來評估一個企業的經營績效？
(A)每股盈餘金額　(B)淨利率　(C)非常項目前淨利率　(D)毛利率。

( ) 2. 奇異公司 XX 年度平均股東權益 $200,000，平均負債 $200,000，銷貨 $500,000，其淨利 $50,000，負債利息 $10,000，稅率 10%，稅後純益率 10%，則 XX 年該公司總資產週轉率為何？　(A)1.25　(B)2.5　(C)3　(D)以上皆非。

( ) 3. 下列有關總資產報酬率之敘述，何者不正確？　(A)分母為平均資產總額　(B)分子為淨利加利息費用　(C)為衡量獲利能力的指標之　(D)為投資報，酬率之一種。

( ) 4. 下列何者是計算投資報酬率的適當方式之一？　(A)銷貨收入除以總資產　(B)銷貨收本除以股東權益　(C)利潤除以投資　(D)利潤除以銷貨收入。

（　　）　5. 一個公司如果總資產週轉率很高，可能表示以下哪些情況？A. 資產的使用非常有效率；B.公司資金不足，無法購買足夠資產；C.資產總金額增加的速度大於銷貨增加的速度　(A)A 和 C (B)A 和 B　(C)A　(D)C。

（　　）　6. 彰化公司向嘉義公司承租一部管理部門使用之設備，該租賃符合融資租賃之條件，但彰化公司以營業租賃記帳，則彰化公司（非虧損公司）之財務狀況所受之影響：　(A)資產週轉率虛增 (B)存貨週轉率虛增　(C)負債比率虛增　(D)股東權益不變。

（　　）　7. 新竹公司於 XX 年底宣告股票股利 1,000,000 股（每股面值 $10），當時每股市價為 $40。該公司 XX 年度淨利為 $24,000,000，宣告股票股利前之平均股東權益為 $180,000,000。該公司 XX 年度之股東權益報酬率為：(A)12.63%　(B)12.00%　(C)13.33%　(D)10.91%。

（　　）　8. 下列哪一項事件不會影響到營業利益，卻會影響到淨利？　(A)持股占百分之五的投資事業發放每股三元的股票股利　(B)淘汰總管理處中低階員工　(C)企業決定將構建晶圓廠所生利息支出資本化　(D)企業決定以雙倍餘額遞減法而非直線折舊法認列廠房設備的折舊費用。

（　　）　9. 白眉企業去年淨利只有 2,000 萬元，總資產報酬率是 2%，下列哪一種作法有助於提高其總資產報酬率？　(A)同時且等量提高銷貨收入與營業費用　(B)同時且等比率提高銷貨收入與營業費用　(C)同時且等量提高營運資產與營業費用　(D)同時且等比率降低營運資產與銷貨收入。

（　　）10. 下列何種情況將可能在淨利率上升時卻使資產報酬率下降？(A)會計週期結束前將長期投資變現　(B)營運資產週轉率上升 (C)帳面價值下降　(D)會計週期結束前購買新建築物　(E)以上皆是。

（　　）11. 固定資產週轉率高表示：　(A)損益兩平點較高　(B)固定資產運用效率高　(C)銷貨潛力尚可大幅提高　(D)生產能量較有彈性。

( ) 12. 下列敘述何者錯誤？ (A)股東權益報酬率＝淨利率×總資產週轉率×平均資產總額／平均股東權益 (B)總資產報酬率＝淨利率×總資產週轉率 (C)股東權益報酬率＝總資產報酬率×平均資產總額／平均股東權益 (D)總資產報酬率＝淨利率×平均資產總額／平均股東權益。

( ) 13. 宏電子的負債比率為 0.4，總資產週轉率為 3.5。若公司的股東權益報酬率為 12%，請計算公司的淨利率為何？ (A)2.06% (B)5.37% (C)8% (D)12.44%。

( ) 14. 三陽公司的負債利率大於其總資產報酬率，則三陽公司每增加一元的負債，將： (A)降低股東權益報酬率 (B)增加股東權益報酬率 (C)股東權益報酬率不變 (D)不一定。

( ) 15. 下列何者對普通股股東最為不利？ (A)舉債成本大於總資產報酬率且股東權益比率高 (B)舉債成本大於總資產報酬率且負債比率高 (C)總資產報酬率大於舉債成本且負債比率高 (D)總資產報酬率大於舉債成本且股東權益比率高。

( ) 16. 玉山公司發放去年宣告的現金股利，則： (A)總資產報酬率不變 (B)股東權益報酬率不變 (C)長期資本報酬率增加 (D)權益成長率下降。

( ) 17. 已知小敏汽車公司去年度的財務資料如下：銷貨收入 200 億元、總資產 400 億元、自有資金比率 50%、純益率 5%，請問其去年度的資產報酬率為何？ (A)2.5% (B)3.25% (C)5% (D)5.25%。

( ) 18. 在其他條件不變的假設下，下列哪一事項不會使企業的股東權益報酬率提高？ (A)營業費用降低 (B)淨營業利益增加 (C)營運資產增加 (D)銷貨收入增加。

( ) 19. 某公司資產總額$1,500,000，負債總額$900,000，平均利率 10%，若所得稅率 25%，總資產報酬率 12%，則股東權益報酬率若干？ (A)18.75% (B)15% (C)30% (D)20%。

( ) 20. 常億公司 XX 年度平均總資產$1,000,000，平均流動負債$100,000，其淨利$300,000，長期負債平均利息$50,000，稅

率 25%，則該公司之長期資本報酬率為何？ (A)3343%
(B)30% (C)35% (D)37.5%。

( ) 21. 聯邦公司 XX 年度平均股東權益$200,000，平均負債$100,000，
銷貨$200,000，總資產報酬率 10%，則該公司股東權益報酬率
為何？ (A)15% (B)26% (C)25% (D)以上皆非。

( ) 22. 假設淨利率與股東權益比率不變，則總資產週轉率增加，將使
股東權益報酬率？ (A)減少 (B)增加 (C)不變 (D)不一定。

( ) 23. 小寶公司的純益率上升，資產報酬率下降，可能原因是： (A)
其總資產週轉率下降 (B)其毛利率下降 (C)其負債比率下降
(D)不可能會發生。

( ) 24. 某公司 XX 年之淨利率為 15%，總資產週轉率為 1.5，股東權益
比率為 50%，則其 91 年股東權益報酬率約為若干？ (A)45%
(B)10.80% (C)13.33% (D)6%。

( ) 25. 某公司的負債利率為 12%，公司的總資產報酬率為 5%，則該
公司增加負債將： (A)降低股東權益報酬率 (B)增加股東權益
報酬率 (C)股東權益報酬 (D)不一定。

( ) 26. 可用於支付利息的盈餘係指？ (A)稅後淨利加利息費用 (B)
稅後淨利率不變加利息費用×（1－稅率） (C)稅前淨利加利
息費用 (D)稅前淨利加利息費用＋（1－稅率）。

( ) 27. 盈餘的創造主要來自於經常性活動，則其品質： (A)越低 (B)
不變 (C)越高 (D)不一定。

( ) 28. 股東權益占資產總額之比率提高，將使股東權益報酬率如何變
化？ (A)提高 (B)降低 (C)不變 (D)不一定。

( ) 29. 某公司之股東權益報酬率為12%，下列何者會使該報酬率降低？
(A)加倍發放現金股利 (B)以 16%之成本取得資金，並用於報酬
率14%之投資 (C)音通股市價下跌 (D)發放股票股利。

( ) 30. 股東權益報酬率高於普通股股東權益報酬率，是表示： (A)
企業運用特別股資金之報酬大於特別股之報酬 (B)特別股報
酬大於企業運用特別股資金之報酬 (C)音通股報酬率高於特
別股報酬率 (D)特別股報酬率高於普通股報酬率。

( ) 31. 四國公司 XX 年度之相關資料如下,平均股東權益$2,000,000。平均總資產$5,000,000,稅後淨利為 1,048,000,特別股利$100,000,稅率 20%,利息費用$60,000,則該公司總資產報酬率為何? (A)20% (B)21.92% (C)18% (D)以上皆非。

( ) 32. 宣告現金股利對總資產報酬率之影響為: (A)增加 (B)減少 (C)不變 (D)不一定。

( ) 33. 某公司的淨利率為 0.2,總資產報酬率為 40%,平均資產總額／平均股東權益比為 3,則總資產週轉率為: (A)2 次 (B)4 次 (C)6 次 (D)以上皆非。

( ) 34. 某公司有長期資產$1,000,000,其中 30%為公司債,其餘均為普通股股東權益,若所得稅率為 30%,欲達股東權益報酬率 15%,應有淨利若干? (A)$150,000 (B)$105,000 (C)$210,000 (D)$300,000。

( ) 35. 某公司的淨利率為 0.3,總資產週轉率 2,平均資產總額／平均股東權益比為 3,則股東權益報酬率為: (A)20% (B)40% (C)60% (D)以上皆非。

( ) 36. 衡量資產使用效率的指標為: (A)銷貨收入＋營運資金 (B)總資產報酬率 (C)股東權益報酬率 (D)營業淨利率。

( ) 37. 下列何者必定可提高總資產報酬率?(假設其他一切條件不變) (A)增加資產更購買 (B)舉借債務 (C)增加銷貨 (D)提高總資產週轉率。

( ) 38. 某企業的營業利益率為產業之冠,而淨利卻敬陪末座,可能的原因為何? (A)該企業所生產的產品附加價值太低 (B)該企業依賴鉅額借入款擴充設備 (C)該企業為了開發高利潤產品,發生大筆研究發展費用 (D)因為經濟不景氣,該公司有嚴重滯銷。

( ) 39. 股東權益報酬率應是下列哪兩項乘積? (A)總資產週轉率及毛利率 (B)總資產報酬率及平均財務槓桿比率 (C)毛利率及平均財務槓桿比率 (D)總資產週轉率及毛利率之倒數。

( ) 40. 下列敘述何者錯誤? (A)固定資產週轉率高表示企業運用固定資產效率高 (B)總資產報酬率＝淨利率×資產週轉率 (C)

資產報酬率低之公司改善之方法為提高淨利　(D)總資產週轉率＝銷貨收入／平均資產總額。

（　）41. 某公司的稅後淨利為 50 萬元，已知銷貨毛利率為 20%，純益率為（稅後淨利率）10%，請問該公司的銷貨成本為多少？ (A)350 萬元　(B)400 萬元　(C)300 萬元　(D)490 萬元。

（　）42. 安貝公司去年度的銷貨毛利為 1,500 萬元，毛利率為 20%，稅前純益率為 10%，企業的所得稅率為 20%，該公司去年度的淨利為：　(A)1,200 萬元　(B)600 萬元　(C)1,440 萬元　(D)84 萬元。

（　）43. 某公司的總資產報酬率為 14%，負債權益比為 0.8，則股東權益報酬率為：　(A)10.5%　(B)10.9%　(C)11.1%　(D)25.2%。

（　）44. 下列敘述何者正確？　(A)現金週轉率高表示營業所需現金充裕　(B)現金週轉率太低可能有現金短缺之處　(C)現金通常是收益力較低之資產　(D)以上皆正確。

（　）45 某公司有長期資金 2,000,000，其中 40% 為公司債，其餘為股東權益，若所得稅率為 25%，則若欲達成 12% 之股東權益報酬率時，淨利應為若干？　(A)$144,000　(B)$100,000 (C)$120,000　(D)以上皆非。

（　）46. 所謂高財務槓桿公司，是指其哪項財務數字占總資產的比率很小？　(A)普通股股東權益　(B)舉債經營不一定有利　(C)保留盈餘　(D)長期負債。

（　）47. 公司之總資產週轉率為 3.0，淨利率為 4%，前二比率同業之平均分別為 2.0 與 7%，該公司與同業均無計息負債，則其總資產報酬率：　(A)較同業為高　(B)較同業為低　(C)與同業相同 (D)與同業無法比較。

（　）48. 財務槓桿指數大於一，表示：　(A)舉債經營不一定不利　(B)舉債經營不一定有利　(C)舉債經營不利　(D)舉債經營有利。

（　）49. 假設甲公司之淨利為 5%、資產週轉率 2.1、自有資金比率 60%，請問目前，該公司之股東權益報酬率為何？　(A)6.3% (B)9.3%　(C)13.5%　(D)17.5%。

（　）50. 如若公司不使用任何負債，且利息費用等於 0，而全部資金完全來自普通股權益，則稅後資產報酬率與股東權益報酬率之關係為：　(A)資產報酬率＞股東權益報酬報　(B)資產報酬率＜股東權益報酬率　(C)資產報酬率＝股東權益報酬率　(D)不確定。

（　）51. 東興公司 XX 年銷貨淨額$96,000，毛利率 40%，銷售費用$12,000，管理費用$16,000，則其營業淨利為何？ (A)$10,400　(B)$26,400　(C)29,600　(D)$38,400。

（　）52. 公司在虧損年度：A.毛利率會是負數；B.營業利益會是負數；C.各項淨收入總額會低於各項費用總額？　(A)只有 B 與 C 正確　(B)只有 C 正確　(C)A、B 都正確　(D)A、B 與 C 都不正確。

（　）53. 固定資產週轉率之計算公式為：　(A)淨利／平均固定資產　(B)銷貨收入淨額／平均固定資產　(C)固定資產／資產總額　(D)期末固定資產／折舊費用。

（　）54. 國王公司去年底財務報表上列有營業利益 7,500 萬元，銷售費用 3,100 萬元，一般管理費用 900 萬元，利息費用 1,100 萬元，研究發展費用 1,400 萬元，進貨折扣 200 萬元，所得稅費用 300 萬元，則其營業費用為：　(A)6,600 萬元　(B)5,400 萬元　(C)6,800 萬元　(D)4,300 萬元。

（　）55. A.營業損益；B.稅前損益；C.稅後淨利，何者預測準確性較高？ (A)A　(B)B　(C)C　(D)相等。

（　）56. 某公司去年度淨進貨 150 萬元，進貨運費 50 萬元，期末存貨比期初存貨多出 50 萬元，該公司的銷貨毛利為銷貨的 25%，營業費用有 20 萬元，問去年度該公司的銷貨收入為多少？ (A)200 萬元　(B)750 萬元　(C)100 萬元　(D)833 萬元。

（　）57. 本年度銷貨收入$1,005,000，銷貨退回$5,000，銷貨成本$800,000，銷貨毛利率為：　(A)19.9%　(B)20.0%　(C)79.6%　(D)80.0%。

（　）58. 某公司銷貨比去年增加，但毛利率卻下降，表示：　(A)資金週轉率下降　(B)銷貨成本控制不當　(C)營業費用過高　(D)企業可能遭受天然災害。

（　）59.公司去年底財務報表上列有銷貨毛利 5,000 萬元，營業費用 1,000 萬元，營業外收入 200 萬元，營業外費用 1,000 萬元，遞延所得稅 1,000 萬元，所得稅費用 500 萬元，則其稅後淨利為：　　(A)2,700 萬元　　(B)1,700 萬元　　(C)1,300 萬元　(D)3,200 萬元。

（　）60. 對股東權益報酬率的敘述，下列何者正確？　　(A)公式為稅後淨利／保留盈餘　　(B)財務槓桿的高低對股東權益報酬率並無影響　　(C)總資產報酬率的高低和股東權益報酬率有關　　(D)以上皆非。

（　）61. 下列事項中，何者不會影響當年度總資產報酬率？　　(A)由短期銀行貸款取得現金　　(B)發放股票股利　　(C)發行股票取得現金　(D)宣告並發放現金股利。

（　）62. 由某公司股東權益報酬率為 16%，下列何者將使該報酬率提高？　　(A)普通股股利加倍發放　　(B)以 12%之成本貸款取得資金，並用於報酬 14%之投資　　(C)公司之本益比提高　　(D)公司普通股之市價上漲。

（　）63. 下列何種情況下，公司增加負債會提高股東權益報酬率？　　(A)負債利率大於總資產報酬率　　(B)負債利率小於總資產報酬率　(C)負債利率等於總資產報酬率　　(D)以上選項都有可能。

（　）64. 下列何者係在分析企業資產使用之效率？　　(A)股東權益／平均資產總額　　(B)流動資產／平均資產總額　　(C)固定資產／平均資產總額　　(D)銷貨收入淨額／平均資產總額。

（　）65. 雲龍公司在去年底財務報表上列有營業利益 7,000 萬元，營業費用 3,000 萬元，研究發展費用 1,000 萬元，營業外收入 100 萬元，營業外費用 2,000 萬元，所得稅費用 300 萬元，則稅後淨利為：　　(A)800 萬元　　(B)1,800 萬元　　(C)4,800 萬元　(D)2,100 萬元。

（　）66. 某公司之總資產報酬率較同業低，但淨利率較同業高，則該公司應以下列何種方式提高總資產報酬率？　　(A)提高淨利率　(B)增加資產投資　　(C)增加銷貨　　(D)減少銷貨。

( ) 67. 某公司的負債權益比為 0.6，公司的總資產報酬率為 8%，總負債為 200 萬，試計算公司的股東權益報酬率為何？ (A)10.5% (B)12.8% (C)9.75% (D)以上皆非。

( ) 68. 下列對於財務槓桿指數的敘述，何者為非？ (A)大於 1 時，公司舉債經營有利 (B)當公司無負債及特別股，其財務槓桿為 1 (C)當公司舉債資金成本大於總資產報酬率，代表普股股東權益報酬率大於總資產報酬率 (D)普通股東權益報酬率越高，財務槓桿越高。

( ) 69. 如果聯發航空公司的融資決策很成功，能適度運用財務槓桿原理，則其普通股權益報酬率應該： (A)低於其毛利率 (B)高於其毛利率 (C)低於其總資產報酬率 (D)高於其總資產報酬率。

( ) 70. 某買賣業的銷貨毛利率由去年度的 40%下降到今年度的 30%，其最可能的原因為： (A)該公司的營業額大幅降低 (B)該公司的營業費用控制不當 (C)該公司所使用的存貨評價方法改變 (D)該公司的進貨退回與折讓大幅增加。

( ) 71. 假設淨利率與股東權益比率不變，則總資產週轉率增加：將使股東權益報／酬率： (A)減少 (B)增加 (C)不變 (D)不一定。

( ) 72. 風中公司與定邦公司總資產報酬率相同，且已知前者淨利率較後者為高，試問哪一家可能為鋼鐵公司，而哪一家為電腦維修公司？ (A)因總資產報酬率一樣，兩者行業種類相同 (B)前者為電腦維修公司 (C)後者為電腦維修公司 (D)無法判斷。

( ) 73. 某公司去年度銷貨毛額為 600 萬元，銷貨退回與折讓 50 萬元，已知其期初存貨與期末存貨皆為 112 萬元，本期進貨 300 萬元，另有銷售費用 50 萬元，管理費用 62 萬元，銷貨折扣 50 萬元，請問其銷貨毛利率是多少？ (A)60% (B)40% (C)22.5% (D)13.5%。

( ) 74. 下列對於財務槓桿指數的敘述，何者為非？ (A)大於 1 時，公司舉債經營有利 (B)當公司無負債及特別股，其財務槓桿為 1 (C)當公司舉債資金成本大於總資產報酬率，代表普通股東權益

報酬率大於總資產報酬率　(D)普通股東權益報酬率越高,財務槓桿越高。

（　）75. 某企業去年的銷貨淨額為$900,000,已知其總資產週轉率為2.0,總資產報酬率為 10%,請問其營業淨利為多少?
(A)$45,000　(B)530,000　(C)$60,000　(D)$40,000。

（　）76. 下列何者為財務分析中流動比率以及速動比率之間的差異?
(A)固定資產　(B)無形資產　(C)存貨及預付費用　(D)短期負債。

（　）77. 一比率欲於財務分析時發揮用途,則:　(A)此比率必須大於 1年　(B)此比率必可與某些基年之比率比較　(C)用以計算比率之二數額皆必須以金額表示　(D)用以計算比率之二數額必須具備邏輯上之關係。

（　）78. 以舉債方式購買固定資產,將使股東權益對固定資產:　(A)不變　(B)不一定　(C)提高　(D)降低。

（　）79. 企業債還進貨帳款時獲得 20%之折扣,將使流動比率:　(A)增加　(B)減少　(C)不一定　(D)無影響。

（　）80. 一般而言,企業的流動比率應不小於 2,亦即企業的淨營運資金應不少於:　(A)存貨的總額　(B)長期負債　(C)股東權益淨值　(D)流動負債。

（　）81. 上月底士誠科技在海外發行全球存託憑證(GDR),預期這將可以:
(A)提高其自有資本比率　(B)提高其年度銷貨毛利　(C)提高其年度銷貨毛利　(D)提高其本益比。

（　）82. 下列何項比率可用來衡量資本結構比率?　(A)負債比率　(B)權益比率　(C)負債對權益比率　(D)選項(A)、(B)、(C)皆是。

（　）83. 下列敘述何者錯誤?　(A)負債比率＋權益比率＝1　(B)長期負債對股東權益比率越低,債權保障越高　(C)固定資產對股東權益比率小於 1,表自有資金足夠支應購買固所需　(D)利息保障倍數旨在衡量盈餘支付負債本利之能力。

（　）84. 應收帳款採用淨額,若沖銷壞帳?　(A)流動比率不變　(B)速動比率下降　(C)存貨週轉率下降　(D)現金流量率下降。

（　）85. 如果流動比率大於 1，則： (A)速動比率大於 1 (B)營運資金為正數 (C)流動負債都能適時償還 (D)流動負債小於長期負債。

（　）86. 公司流動資產$2,000（其中存貨$1,250且無預付費用），流動負債$900，欲以簽發票據籌集資金，用以增添商品，則為了維持流動比率為 2，公司最多可舉短債多少？ (A)$150 (B)$200 (C)$250 (D)選項(A)、(B)、(C)皆非。

（　）87. 癸皇公司於 3 月 15 日宣告現金$300,000，除息日為 4 月 5 日，並於 5 月 5 日發放。上述事項對該公司營運資金的影響為？ (A)於 3 月 15 日減少$300,000 (B)於 4 月 5 日減少$300,000 (C)於 5 月 5 日減少$300,000 (D)於各股東將股利支票兌現時減少。

（　）88. 下列何種比率有助於評估公司的短期償債能力？ (A)淨利率 (B)負債比率 (C)現金流量比率 (D)股東權益報酬率。

（　）89. 負債比率、利息保障倍數、固定支出保障倍數等都是作為： (A)負債管理比率 (B)流動性比率 (C)經營效率比率 (D)獲利能完比率。

（　）90. 如果流動資產超過流動負債，則償付應付帳款對於營運資金與流動比率的影響為何？ (A)營運資金無影響，流動比率無影響 (B)營運資金無影響，流動比率增加 (C)營運資金減少，流動比率減少 (D)營運資金減少，流動比率增加。

（　）91. 某公司僅發行一種股票，XX 年每股盈餘$10，每股股利$5，除淨利與發放股利之結果使保留盈餘增加$200,000 外，股東權益無其他變動。若 XX 年底每股帳面價值 $30，負債總額$1,200,000，則負債比率為若干？ (A)60% (B)57.14% (C)75% (D)50%。

（　）92. 淨值為正之企業，以高於帳面價值出售固定資產得現，這將使負債比率及流動比率如何？ (A)使負債比率降低，流動比率提高 (B)使負債比率提高，流動比率提高 (C)負債比率不變，流動比率提高 (D)使負債比率降低，流動比率降低。

( ) 93. 下列有關流動比率之敘述,何者不正確? (A)流動比率容易遭
窗飾 (B)以流動資產償還流動負債,流動比率不變 (C)為衡
量償債能力之指標 (D)流動比率大於或等於 100%,較有保障。

( ) 94. 青山企業將一項短期應付票據轉換為長期應付票據,此一交易
會造成: (A)營運資金與速動比率下降 (B)僅營運資金減少,
速動比率不變 (C)僅營運資金增加,速動比率不變 (D)營運
資金與速動比率增加。

( ) 95. 出售長期投資,成本$30,000,售價$35,000,對營運資金及
流動比率有何影響? (A)營運資金增加,流動比率不變 (B)
營運資金不變,流動比率增加 (C)二者均增加 (D)二者均不
變。

( ) 96. 何種金融工具不會改變一公司的資本結構? (A)認股權證
(B)實施庫藏股,辦理減資 (C)由其他證券公司發行該公司的
股票認購權證 (D)特別股。

( ) 97. 假設流動比率原為 1.89,下列何種作法可使其增加? (A)以
發行長期負債所得金額償還短期負債 (B)應收款項收現 (C)
以現金購買存貨 (D)賒購存貨。

( ) 98. 應付公司償還到期前一年須轉列為流動負債,對於財務報表之
影響為: (A)負債比率下降 (B)速動比率下降 (C)股東權益
減少 (D)現金流量減少。

( ) 99. 甲公司將其擁有的乙公司股票(長期股權投資)持至銀行辦理
質押借款,下列敘述何者正確? (A)這是一種資產負債表表外
融資 (B)流動資產增加,非流動資產減少 (C)營運資金增加
(D)負債對股東權益比率增加。

( ) 100. 已知全球公司速動比率為 2,若支付現金股利,而之前已對
外宣告股利發放,並作有會計分錄,則: (A)營運資金減少,
速動比率增加 (B)營運資金不變,速動比率增加 (C)速動比
率減少,營運資金增加 (D)速動比率減少,營運資金不變。

( ) 101. 維納斯公司為關係企業開立的支票背書保證,此舉將: (A)
提高負債對總資產比率 (B)增加應收票據 (C)可能增加或

減少流動比率，視原來的流動比率是否大於 1 而定 (D)不影響任何財務比率。

( ) 102. 永日公司以現金償還長期借款（考量利息變動），則： (A)速動比率下降 (B)利息保障倍數不變 (C)長期資金占固定資產比率不變 (D)選項(A)、(B)、(C)敘述皆正確。

( ) 103. 下列何種金融工具不會改變公司的資本結構？ (A)銀行貸款 (B)現金增資 (C)可轉換公司債 (D)備兌認股權證。

( ) 104. 有關營運資金的敘述，下列何者為非？ (A)存貨需求增加，則營運資金增加 (B)增加現金銷貨比重，會增加營運資金 (C)營運資金是為維持日常營運的經常性投資 (D)以現金出售土地，會增加營運現金。

( ) 105. 公司賒購存貨將使速動比率： (A)不變 (B)減少 (C)增加 (D)視原來速動比率是否大於 1 而定。

( ) 106. 泰山公司之流動比率為 2，下列何者交易將使流動比率降低？ (A)收到台泥公司股票股利 (B)應付票據到期以現金支付 (C)以高於成本的價格出售存貨 (D)向銀行借款以增加週轉現金。

( ) 107. 下列哪一種財報比率較適用於評估長期償債能力？ (A)酸性測驗比率 (B)利息保障倍數 (C)總資產週轉率 (D)固定資產週轉率。

( ) 108. 若某企業的固定資產占長期資金比率為 150%，其所透露的資訊為： (A)長期資金足敷使用 (B)短期資金有移作長期用 (C)每一元負債可創造 1.5 倍利潤 (D)公司大量運用槓桿操作。

( ) 109. 速動比率為 1.2，則舉借短期負債取得現金與應收帳款收現對速動比率各有何影響？ (A)以短期借款取得現金增加；應收帳款收現沒影響 (B)以短期借款取得現金增加；應收帳款收現增加 (C)以短期借款取得現金減少；應收帳款收現沒影響 (D)以短期借款取得現金減少；應收帳款收現減少。

( ) 110. 甲公司將其擁有的乙公司股票（長期股權設資）持至銀行辦理質押款，下列敘述何者一定正確？ (A)這是一種資產負債表表外融資 (B)流動資產增加，非流動資產減少 (C)營運資金增加 (D)負債對股東權益比率增加。

( ) 111. 發行股票交換專利權對負債比率之影響為（假設股東權益帳面價值原來即為正）： (A)提高 (B)降低 (C)不一定 (D)不變。

( ) 112. 設流動比率為 2：1，速動比率為 1：1，如以部分現金償還應付帳款，則： (A)流動比率下降 (B)流動比率不變 (C)速動比率上升 (D)速動比率不變。

( ) 113. 台北公司之營業活動淨現金流量為$1,000,000，投資活動淨現金流量為$600,000，融資活動淨現金流量為$400,000，現金$100,000，流動資產$400,000，流動負債$200,000，其現金流量比率為： (A)20 (B)10 (C)5 (D)2.5。

( ) 114. 長期資金對固定資產之比率應為如何較為穩健？ (A)大於 1 (B)小於 1 (C)等於 1 (D)二者無關。

( ) 115. 夙興公司 XX 年度稅後純益$30,000，所得稅率 25%，債券利息費用$5,000，營運租金費用$9,000（其中 1/3 為隱含利息），請問該公司固定支出保障倍數為何？ (A)8.5 (B)6 (C)5.63 (D)4。

( ) 116. 中林公司開出 60 天期票據，向銀行借入現金$100,000，則： (A)流動比率增加 (B)速動比率增加 (C)營運資金不變 (D)選項(A)、(B)、(C)皆非。

( ) 117. 若某公司的流動比率上升，但速動比率下降，該公司可能有下列哪一問題？ (A)存貨大量積壓 (B)應收帳款週轉不靈 (C)現金與約當現金過少 (D)應付帳款成長太快。

( ) 118. 津津公司的速動資產為$18,000，流動負債為$20,000，若存貨及應付帳款各增加$4,000 元，速動比率應為何？ (A)0.75 (B)1.09 (C)0.92 (D)1.33。

（　）119. 企業以現金購買機器設備對其影響為：　(A)總資產不變　(B)資產負債比率不變　(C)流動比率下降　(D)選項(A)、(B)、(C)答案皆正確。

（　）120. 某公司相關資料如下：流動負債 20 億元、長期負債 30 億元、流動資產 50 億元、固定資產 50 億元，求公司的自有資金比率？　(A)40%　(B)50%　(C)60%　(D)70%。

（　）121. 假設流動比率原為 1.89，下列何種作法可使其增加？　(A)以發行長期負債所得金額償還短期負債　(B)應收款項收現　(C)以現金購買存貨　(D)賒購存貨。

（　）122. 償還應付帳款對利息保障倍數之影響為：　(A)增加　(B)減少　(C)不變　(D)不一定。

（　）123. 某家公司的流動比率為 1，若該公司的流動負債為 $10,000、平均庫存存貨值為 $1,000、預付費用為 $0，則其酸性比率（速動比率）應為何？　(A)0.8　(B)1.2　(C)1　(D)0.9。

（　）124. 應付公司債之持有者最關心下列哪一比率？　(A)速動比率　(B)利息保障倍數　(C)應收帳款週轉率　(D)營業過期天數。

（　）125. 長期資金對固定資產的比率，可衡量企業以長期資金購買固定資產的能力。這裡所稱的長期資金是指：　(A)長期負債　(B)股東權益　(C)長期負債加股東權益　(D)股東權益減流動負債。

（　）126. 「財務槓桿比率」的計算方式為：　(A)總負債除以總資產　(B)股東權益除以總負債　(C)資產總額除以股東權益總額　(D)總資產除以總負債。

（　）127. 財務報表的結構分析，是在分析一個企業的：A.資產結構；B.資本結構；C.盈利結構　(A)僅 A　(B)僅 B　(C)僅 C　(D)A、B 和 C 都是。

（　）128. 下列何項資訊對短期債權人最不重要？　(A)獲利能力　(B)應收帳款週轉率　(C)財務結構　(D)速動比率。

（　）129. 某公司預付三個月保險費，則：　(A)流動比率上升　(B)速動比率上升　(C)存貨週轉率下降　(D)選項(A)、(B)、(C)皆非。

（　）130. 台中公司之速動資產大於流動負債，如以現金償還應付帳款，則將造成：　(A)降低流動比率和速動比率　(B)提高流動比率和速動比率　(C)提高流動比率，但不影響速動比率　(D)提高速動比率，但不影響流動比率。

（　）131. 埔里公司以其全部應收帳款為質押向銀行融資借款，此事件對該公司的影響為：　(A)減少營運資金　(B)流動資產不變　(C)速動資產增加　(D)速動資產不變。

（　）132. 企業以現金購買機器設備對其影響為：　(A)總資產不變　(B)資產負債比率不變　(C)流動比率下降　(D)選項(A)、(B)、(C)答案皆正確。

（　）133. 假設負債對股東權益之比率為 2：1，則負債比率為：　(A)1：2　(B)2：1　(C)1：3　(D)2：3。

（　）134. 一家公司的存貨過時，但未提列足夠之存貨跌價損失，對於財務報表之影響為：　(A)流動比率高估，速動比率不受影響　(B)流動比率與速動比率均高估　(C)流動比率不受影響，速動比率高估　(D)流動比率與速動比率均不影響。

（　）135. 假設流動負債的金額超過流動資產，請問若償還一部分的應付帳款，將：　(A)增加流動比率　(B)降低營運資金　(C)增加營運資金　(D)降低流動比率。

（　）136. 懷特企業的部分財務資料如下：稅前淨利 4,500 萬元，利息費用 450 萬元，所得稅費用 500 萬元，請問其利息保障倍數應為多少？　(A)11 倍　(B)10 倍　(C)9 倍　(D)8 倍。

（　）137. 營業活動現金流量／流通在外之股數稱為：　(A)現金流量比率　(B)現金流量允當比率　(C)現金再投資比率　(D)每股現金流量。

（　）138. 仁舟公司的應收帳款週轉率 3、平均應收帳款 $50,000、流動資產 $200,000、流動負債 $150,000、平均營運資金 $70,000，試問營運資金週轉率為何（假設該公司全為賒銷）？　(A)1.67　(B)2　(C)2.5　(D)3。

( ) 139. 臺灣鋼鐵公司在 XX 年度之稅後純益 40,000 元,所得稅費用 40,000 元,利息費用 20,000 元,則利息保障倍數應為: (A)2 倍 (B)3 倍 (C)4 倍 (D)5 倍。

( ) 140. 下列哪個交易會造成利息保障倍數上升、負債比率下降及現金流量對固定支出倍數上升? (A)償還長期銀行借款 (B)公司債轉換成普通股 (C)以高於成本的價格出售存貨 (D)選項(A)、(B)、(C)皆是。

( ) 141. 下列哪一項指標越大,表示公司的違約風險越高? (A)流動比率 (B)負債比率 (C)速動比率 (D)選項(A)、(B)、(C)皆是。

( ) 142. 公司宣布並發放股票股利: (A)利息保障倍數下降 (B)負債比率上升 (C)現金流量對固定支出倍數下降 (D)選項(A)、(B)、(C)皆非。

( ) 143. 如果流動資產超過流動負債,則賒購存貨對於營運資金與流動比率的影響為何? (A)營運資金無影響,流動比率減少 (B)營運資金減少,流動比率增加 (C)營運資金無影響,流動比率增加 (D)營運資金減少,流動比率減少。

( ) 144. 新園公司現有流動資產包括現金 $200,000,應收帳款 $800,000,及存貨 $500,000。已知該公司流動比率為 2.5,則其速動比率為: (A)0.33 (B)1.33 (C)1.67 (D)2.00。

( ) 145. 下列哪一項衡量指標主要是針對企業長期清償能力的計算指標? (A)負債比率 (B)速動比率 (C)存貨週轉率 (D)流動比率。

( ) 146. 冠勳公司 XX 年度稅前純益 $45,000,所得稅率 25%,利息費用 $5,000,請問冠勳公司利息保障倍數為何? (A)8.5 (B)10 (C)5.63 (D)選項(A)、(B)、(C)皆非。

( ) 147. 國際票券 XX 年度的負債占權益的比率為 60%,求公司的自有資金比率為何? (A)62.5% (B)67.5% (C)72.5% (D)選項(A)、(B)、(C)皆非。

( ) 148. 怡君公司流動比率為 4，速動比率為 2.4，若期末存貨為
$240,000，期初存貨為$200,000，本期進貨為$1,600,000
本期支付供應商現金$1,520,000，則流動負債總額為：(假設
預付費用為 0) (A)$190,000 (B)$150,000 (C)$140,000
(D)$100,000。

( ) 149. 償還應付帳款對利息保障倍數之影響為： (A)增加 (B)減少
(C)不變 (D)不一定。

( ) 150. 較高的負債比率，對獲利穩定且獲利能力很強的公司而言，
乃表示其財務結構： (A)仍稱健全 (B)已不健全 (C)隨時會
週轉不靈 (D)必定走下坡。

( ) 151. 稅後淨利$100,000，所得稅率 25%，利息費用$10,000，則
利息保障倍數為： (A)6.83 (B)7.17 (C)14.33 (D)9.11。

( ) 152. 山水企業相關資料如下：流動負債 200 億元、長期負債 300
億元、固定資產 500 億元、長期資金占固定資產比率為 1.6，
求 公 司 的 流 動 資 產 總 額 ？ (A)500 億 元 (B)600 億 元
(C)700 億元 (D)800 億元。

( ) 153. 一般來說，負債比率越高，財務槓桿程度： (A)越高 (B)越
低 (C)不變 (D)不一定。

( ) 154. 下列何者指標不具獲利能力分析價值？ (A)純益率 (B)毛利
率 (C)營業費用對銷貨淨利之比率 (D)存貨週轉率。

( ) 155. 某企業的營業利益率為產業之冠，而淨利卻敬賠末座，可能
的原因為何？ (A)該企業所生產的產品附加價值太低 (B)該
企業依賴鉅額借入款擴充設備 (C)該企業為了開發高利潤產
品，發生大筆研究發展費用 (D)因為經濟不景氣，該公司有
嚴重滯銷。

( ) 156. 某公司的稅後淨利為 60 萬元，已知銷貨毛利率為 20%，純益
率為（稅後淨利率）10%，請問該公司的銷貨成本為多少？
(A)350 萬元 (B)400 萬元 (C)480 萬元 (D)540 萬元。

( ) 157. 下列敘述何者為真？ (A)站在投資人的立場，企業的流動比
率應越高越好 (B)企業的毛利率越高時，表示其營業費用率

越低 (C)企業的存貨越多，表示短期償債能力越好 (D)銷貨成本率為 1 時，表示廠商幾乎無毛利。

( ) 158. 本年度銷貨收入$1,005,000，銷貨退回$5,000，銷貨成本$800,000，銷貨毛利率為： (A)19.9% (B)20.0% (C)79.6% (D)80.0%。

( ) 159. 力麗成衣工廠今年年初的預估財務報表如下：銷貨收入（9,000 件）$1,440,000、變動成本$1,080,000、固定製造成本$125,000、固定銷管費用$175,000、淨利$60,000，力麗今年實際銷貨量不如預期，只有 8,500 件，請問其今年淨利約為多少？ (A)$20,000 (B)$106,667 (C)$32,000 (D)$40,000。

( ) 160. 速捷公司生產下列三種邊際貢獻率不同的產品，50c.c.機車：銷貨$600,000、邊際貢獻率 30%；90c.c.機車：銷貨$400,000、邊際貢獻率 20%；125c.c.機車：銷貨$1,000,000、邊際貢獻率 25%，請問以整個公司而言，速捷的邊際貢獻率為多少？ (A)69.5% (B)33.3% (C)25.5% (D)選項(A)、(B)、(C)皆非。

( ) 161. 評價公司獲利能力之指標通常為： (A)每股市價 (B)每股盈餘 (C)每股股利 (D)每股帳面價值。

( ) 162. 瀋陽公司當銷貨量增加 30%，則營業利益增加 90%，XX 年銷貨額$600,000，稅後淨利$90,000，無利息費用，稅率 25%，則其變動成本及費用為何？ (A)$360,000 (B)$240,000 (C)$200,000 (D)選項(A)、(B)、(C)皆非。

( ) 163. 本年度銷貨收入$1,005,000，銷貨退回$5,000，銷貨成本$800,000，銷貨毛利率為： (A)19.9% (B)20.0% (C)79.6% (D)80.0%。

( ) 164. 下列何者非為舉債可能導致之影響？ (A)利息費用增加 (B)負債比率提高 (C)營業情況佳時產生槓桿利益 (D)所得稅將提高。

( ) 165. 某企業的銷貨總收入為 360 萬元，期初存貨為 88 萬元，期末存貨為 120 萬元，本期進貨為 240 萬元，銷管費用為 42

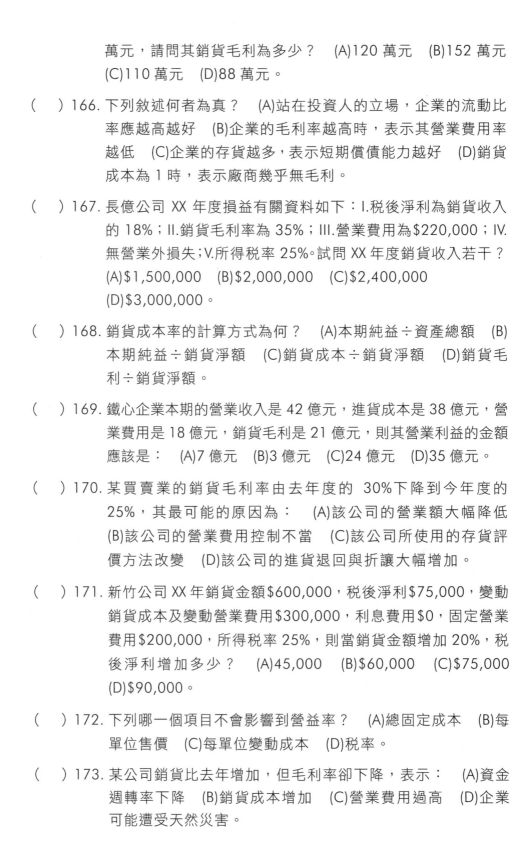

萬元，請問其銷貨毛利為多少？　(A)120 萬元　(B)152 萬元　(C)110 萬元　(D)88 萬元。

(　) 166. 下列敘述何者為真？　(A)站在投資人的立場，企業的流動比率應越高越好　(B)企業的毛利率越高時，表示其營業費用率越低　(C)企業的存貨越多，表示短期償債能力越好　(D)銷貨成本為 1 時，表示廠商幾乎無毛利。

(　) 167. 長億公司 XX 年度損益有關資料如下：I.稅後淨利為銷貨收入的 18%；II.銷貨毛利率為 35%；III.營業費用為$220,000；IV.無營業外損失；V.所得稅率 25%。試問 XX 年度銷貨收入若干？　(A)$1,500,000　(B)$2,000,000　(C)$2,400,000　(D)$3,000,000。

(　) 168. 銷貨成本率的計算方式為何？　(A)本期純益÷資產總額　(B)本期純益÷銷貨淨額　(C)銷貨成本÷銷貨淨額　(D)銷貨毛利÷銷貨淨額。

(　) 169. 鐵心企業本期的營業收入是 42 億元，進貨成本是 38 億元，營業費用是 18 億元，銷貨毛利是 21 億元，則其營業利益的金額應該是：　(A)7 億元　(B)3 億元　(C)24 億元　(D)35 億元。

(　) 170. 某買賣業的銷貨毛利率由去年度的 30%下降到今年度的 25%，其最可能的原因為：　(A)該公司的營業額大幅降低　(B)該公司的營業費用控制不當　(C)該公司所使用的存貨評價方法改變　(D)該公司的進貨退回與折讓大幅增加。

(　) 171. 新竹公司 XX 年銷貨金額$600,000，稅後淨利$75,000，變動銷貨成本及變動營業費用$300,000，利息費用$0，固定營業費用$200,000，所得稅率 25%，則當銷貨金額增加 20%，稅後淨利增加多少？　(A)45,000　(B)$60,000　(C)$75,000　(D)$90,000。

(　) 172. 下列哪一個項目不會影響到營益率？　(A)總固定成本　(B)每單位售價　(C)每單位變動成本　(D)稅率。

(　) 173. 某公司銷貨比去年增加，但毛利率卻下降，表示：　(A)資金週轉率下降　(B)銷貨成本增加　(C)營業費用過高　(D)企業可能遭受天然災害。

( ) 174. 下列有關營業毛利率之敘述，何者不正確？ (A)毛利率通常須與同業比較 (B)資本密集產業之毛利通常較勞力密集者高 (C)高毛利、低淨利企業的投資價值，高於低毛利、高淨利企業的投資價值 (D)低毛利，投資報酬率不一定低。

( ) 175. 本年度銷貨收入$1,006,000，銷貨退回$5,000，銷貨成本$800,000，銷貨毛利率為： (A)19.9% (B)20.0% (C)79.6% (D)80.0%。

( ) 176. 某買賣業的銷貨毛利率由去年度的 40%下降到今年度的 30%，其最可能的原因為： (A)該公司的利息費用大幅增加 (B)該公司的營業費用控制不當 (C)該公司的進貨退回與折讓大幅增加 (D)該公司所使用的存貨吉利賣方法改變。

( ) 177. 回回公司 XX 年銷貨額$600,000，稅後淨利$60,000，變動成本費用$300,000，利息費用 0，固定營業費用$200,000，所得稅率 25%，當銷貨量增加 20%，則營業利益增加多少？ (A)125% (B)100% (C)60% (D)選項(A)、(B)、(C)皆非。

( ) 178. 存貨過多、存貨週轉率過低，可能造成企業何種損失或風險？ (A)滯銷風險提高 (B)資金成本增加 (C)倉儲成本增加 (D)選項(A)、(B)、(C)皆是。

( ) 179. 下列四種行業經營者，何者通常有較低的應收帳款週轉率？ (A)航空公司 (B)便利商店 (C)管理顧問公司 (D)百貨公司。

( ) 180. 下列何者不是應收帳款週轉率下降的原因？ (A)收帳工作績效不佳 (B)客戶業務發生困難 (C)信用部門徵信作業不佳 (D)存貨價值高估。

( ) 181. 府城公司前年度的平均銷貨毛利率為 40%,本年度的銷貨共計為$2,000,000，期末存貨為$120,000，本期進貨為$1,160,000，府城公司本年度之存貨週轉天數為（一年以 365 天計算）： (A)42.6 天 (B)25.6 天 (C)44.0 天 (D)36.5 天。

( ) 182. 存貨週轉率越高，則： (A)缺貨的風險越低 (B)有過時存貨的機會越小 (C)毛利率越高 (D)流動比率越高。

（　）183. 伯文公司的應收帳款週轉率 15，營業循環為 40 天，請問存貨週轉率為何（一年以 365 天計算）？　(A)23.30　(B)24.33　(C)33.46　(D)9.125。

（　）184. 阿中在墾丁渡假時收到其台北會計經理傳真來的上一季財務報表，報表上顯示本期淨利為 250 萬元，但其會計經理卻又寫道：最近營運資金週轉困難，請問最可能的解釋為何？　(A)經理挪用公款　(B)應收帳款週轉率大幅提高　(C)銷貨擴充過速，存貨週轉率大幅提高　(D)產銷調配失當，存貨週轉率大幅降低。

（　）185. 以下關於應收帳款週轉率的說明何者不正確？　(A)應收帳款週轉率等於（除銷淨額／平均應收帳款）　(B)帳款收回平均天數等於（365／應收帳款週轉率）　(C)應收帳款週轉率之高低與銷貨授信條件之寬鬆相關，若供應商願意提供較長的付款條件，則應付帳款的週轉率越小　(D)因銷貨而產生的應收票據，應排除於應收帳款週轉率之計算選項。

（　）186. 其他條件相同下（包括銷貨、壞帳等金額相同），應收帳款週轉率提高表示：　(A)流動比率提高　(B)增加毛利率　(C)速動比率提高　(D)以上皆非。

（　）187. 若銷貨成本為 $500,000，毛利率為 20%，平均應收帳款為 $100,000，則應收帳款週轉率等於：　(A)6.25　(B)4.5　(C)5　(D)7.5。

（　）188. 甲公司存貨週轉率每年 8 次，應收帳款週轉率每年 12 次，應付帳款平均於進貨後 40 天支付，則其淨營業循環大約為幾天（一年以 360 天計）？　(A)5 天　(B)35 天　(C)75 天　(D)115 天。

（　）189. 某百貨公司年終舉行跳樓大拍賣，不計成本，出清存貨，請問其正面效果會是：　(A)改善銷貨毛利率　(B)改善淨值報酬率　(C)提高每股盈餘　(D)改善營運資金的週轉能力。

（　）190. 公司 XX 年度應收帳款週轉天數為 20 天，平均應收帳款淨額
$750,000，試問該公司 XX 年度之賒銷淨額為多少？
(A)$13,000　(B)$13,500,000　(C)$13,687,500
(D)$13,785,500。

（　）191. 下列何者比率可以了解公司的活動力？　(A)淨利率　(B)股東
報酬率　(C)淨值週轉率　(D)選項(A)、(B)、(C)皆非。

（　）192. 現金週轉率係指下列何項比率？　(A)平均現金對資產總額之
比率　(B)銷貨收入淨額對平均現金之比率　(C)平均現金對
銷貨收入淨額之比率　(D)流動資產總額對平均現金之比率。

（　）193. 眾信公司 XX 年度銷貨淨額為 $8,000,000，銷貨成本為
$5,000,000，若期初存貨金額為 $300,000，期末存貨金額為
$500,000，則存貨週轉率為多少？　(A)20　(B)16　(C)10
(D)12.5。

（　）194. 某 公 司 期 初 應 收 帳 款 為 $780,000，期 末 應 收 帳 款 為
$820,000，而當年度淨賒銷金額為$5,840,000。試問當年度
平均應收帳款收現天數為：　(A)30 天　(B)365 天　(C)100
天　(D)50 天。

（　）195. 本期進貨$280,000、銷貨$400,000、銷貨成本$300,000，
則存貨週轉率為若干？　(A)3.5　(B)5　(C)6.67　(D)7.5。

（　）196. 依 山 公 司 XX 年 度 銷 貨 總 額 $4,000,000、銷 貨 退 回 為
$200,000，銷 貨 成 本 為 $2,400,000、平 均 流 動 資 產 為
$1,900,000，則其流動資產週轉率為：　(A)2.50　(B)2
(C)1.50　(D)0.94。

（　）197. 光樺公司平均速動資產$300,000，存貨週轉率 2，平均流動
資產為$400,00，銷貨毛利率為 20%，預付費用為$50,000，
則銷貨為何？　(A)$125,000　(B)$250,000　(C)$200,000
(D)$150,000。

（　）198. 存貨週轉率越低，則：　(A)缺貨的風險越高　(B)有過時存貨
的機會越大　(C)毛利率越高　(D)速動比率越高。

（　）199. 星馳公司本年度存貨週轉率比上期增加許多，可能的原因為：
(A)本年度存貨採零庫存制　(B)本年度認列鉅額的存貨過時跌價損失　(C)產品製造時程縮短　(D)選項(A)、(B)、(C)都是可能的原因。

（　）200. 在公司營業呈穩定狀況下，應收帳款週轉天數的減少表示：
(A)公司實施降價促銷措施　(B)公司給予客戶較長的折扣期間及賒欠期限　(C)公司之營業額減少　(D)公司授信政策轉嚴。

（　）201. 中信公司應收帳款週轉率為 12，當年度平均應收帳款餘額$40,000，平均固定資產餘額$400,000，則固定週轉率為何？
(A)1　(B)1.2　(C)0.1　(D)10。

（　）202. 萱萱公司 XX 年度銷貨總額為 $4,000,000，銷貨退回$100,000，銷貨成本為 $2,400,000，平均流動資產為$1,600,000，則其流動資產週轉率為：　(A)2.50　(B)2.44　(C)1.50　(D)0.94。

（　）203. 固定資產週轉率高表示：　(A)損益兩平點較高　(B)銷貨潛力尚可大幅提高　(C)固定資產運用效率高　(D)生產能量較有彈性。

（　）204. 飛鳥公司購買商品存貨均以現金付款，銷貨則採賒銷方式，該公司本年度之存貨週轉率為10，應收帳款週轉率為15，則其營業循環為：（假設一年以 365 天計）　(A)16.6 天　(B)61天　(C)36.5 天　(D)24.3 天。

（　）205. 本期進貨$280,000、銷貨$400,000、銷貨成本$300,000、期末存貨$30,000，則存貨週轉率為若干？　(A)3.5　(B)5　(C)6.67　(D)7.5。

（　）206. 珮珮公司本年度銷貨$300,000，毛利率 30%，期末存貨$40,000，當年度進貨$220,000，則存貨週轉率為：　(A)7.5次　(B)6 次　(C)8.25 次　(D)選項(A)、(B)、(C)皆非。

（　）207. 樂華公司 XX 年度銷貨收入為 $7,200,000，銷貨成本 $6,000,000，存貨週轉率12，期初存貨$450,000，則期末存貨為：
(A)$650,000　(B)$450,000　(C)$600,000　(D)$550,000。

（　）208. 嘉義公司部分財務資料如下，其固定資產週轉率為何？

約當現金	$2,758
應收帳款	$5,090
存貨	$3,838
流動資產	$12,720
固定資產	$2,608
總資產	$15,328
流動負債	$7,890
總權益	$7,672
銷貨成本	$16,096
銷貨收入	$24,130
利息費用	$156
稅率	25%
淨利	$2,530
股利	$800

(A)1.88　(B)4.19　(C)4.74　(D)9.25。

（　）209. 一比率欲於財務分析時發揮用途，則：　(A)此比率必須大於
1 年　(B)此比率必可與某些基年之比率比較　(C)用以計算比
率之二數額皆必須以金額表示　(D)用以計算比率之二數額必
須具備邏輯上之關係。

（　）210. 下列敘述何者正確？　(A)流動比率大於 1 時，賒購商品將使
該比率提高　(B)帳面價值$50,000 之設備，以$30,000 之價
格出售，將使流動比率提高　(C)流動比率小於 1 時，償還應
付帳款將使該比率提高　(D)應收帳款週轉率係以銷貨成本除
以平均應收帳款而得。

（　）211. 下列何者比率可以了解公司的活動力？　(A)存貨週轉率　(B)
股東報酬率　(C)淨利率　(D)速動比率。

（　）212. 若某企業的銷貨成本為 3,000 萬元，賒銷金額為 5,000 萬元，
平均存貨為 200 萬元，則該企業的存貨週轉率為：　(A)12
次　(B)25 次　(C)15 次　(D)選項(A)、(B)、(C)皆非。

（　）213. 存貨的銷貨天數應如何計算？　(A)每日銷貨成本除以存貨　(B)存貨除以每日銷貨成本　(C)每日銷貨除以每日資產　(D)庫存除以每日銷貨金額。

（　）214. 已知正客公司流動比率 1.5；速動比率 0.85；存貨週轉率 2.5，則公司償還公司債會使：A.流動比率上升；B.速動比率下降；C.存貨週轉率不變　(A)僅 A　(B)僅 B　(C)僅 C　(D)A、B 和 C 皆是。

（　）215. 下列哪一種組合的營業週期天數最長？　(A)應收帳款週轉率高、存貨銷售天數高　(B)應收帳款週轉率低、存貨銷售天數低　(C)應收帳款收款天數高、存貨週轉率低　(D)應收帳款收款天數低、存貨週轉率低。

（　）216. 若應收帳款週轉率很高，可能表示：　(A)公司給予客戶之信用條款較為嚴格　(B)公司向客戶收現過程有困難　(C)應收帳款餘額高估　(D)本年度淨銷貨低估。

（　）217. 陽明公司購買商品存貨均以現金付款，銷貨則採賒銷方式，該公司本年度之存貨週轉率為 10，應收帳款週轉率為 12，則其營業循環為：（假設一年以 365 天計）　(A)16.6 天　(B)67 天　(C)36.5 天　(D)33 天。

（　）218. 在經營效率比率的指標中，下列何者不適合？　(A)固定資產週轉率　(B)平均收現期間　(C)應收帳歡週轉率　(D)銷貨毛利率。

（　）219. 下列財務比率何者通常越高越佳？　(A)負債比率　(B)固定成本比率　(C)邊際貢獻率　(D)應收帳款週轉天數。

（　）220. 銷貨成本$600,000，銷貨$750,000，期初存貨$20,000，存貨週轉率 15 次，則期末存貨為：　(A)$60,000　(B)$50,000　(C)$40,000　(D)$80,000。

（　）221. 若一食品公司兼營營建開發業務，則欲了解其本業存貨週轉情況之計算，以下列何者為佳？　(A)營業收入／存貨　(B)（營業收入－營建銷貨收入）／存貨　(C)營業收入／（存貨－營建存貨）　(D)（營業收入－營建銷貨收入）／（存貨－營建存貨）。

（　）222. 毛利公司其應付帳款欠款期間為 129 天，平均收帳期間為 80 天，平均銷貨時間為 144 天，則其浮營業過期為：　(A)224　(B)95　(C)209　(D)選項(A)、(B)、(C)皆非。

（　）223. 下列敘述何者不正確？　(A)現金週轉率高可能有現金短缺之虞　(B)現金週轉率低表示營業所需現金充裕　(C)現金是收益力較高之資產　(D)現金是流動性較高之資產。

（　）224. 南海公司的存貨週轉天數為 30 天，應收帳款週轉天數為 16 天，應付帳款週轉天數為 22 天，淨營業循環為 24 天，則南海公司的營業循環為幾天？　(A)50 天　(B)46 天　(C)42 天　(D)40 天。

（　）225. 一個採訂單式生產的公司，其銷貨維持以往水準，則存貨週轉率下降之可能原因為何？Ⅰ.存貨價值高估；Ⅱ.預期物價上漲，囤積存貨；Ⅲ.公司將不良品記為存貨　(A)僅 Ⅰ　(B)僅 Ⅱ　(C)僅 Ⅲ　(D)Ⅰ，Ⅱ 和 Ⅲ 皆是。

（　）226. 下列何者對企業營運週期的定義為正確？a.存貨轉換期間加上應收帳款收款期間；b.存貨轉換期間加上應付帳款；c.應付帳款遞延期間加上現金轉換循環；d.存貨轉換期間加上現金轉換期；e.採購期加上存貨轉換期　(A)a,b,c　(B)c,d,e　(C)a,d　(D)a,c。

（　）227. 文山公司的速動比率為 2，目前公司的流動資產為 $200,000，流動負債為$50,000，若銷貨成本是$200,000，則文山公司的存貨週轉率為多少？　(A)1　(B)2　(C)3　(D)4。

（　）228. 下列為成功公司部分財務資料，試問成功公司之營業循環長度為多少天？

銷貨成本	$7,200,000
平均存貨	$1,200,000
應收帳款	$2,400,000
銷貨	$12,000,000

(A)300 天　(B)240 天　(C)200 天　(D)180 天　(E)132 天。

（　）229. 下列何者非為影響股東權益報酬率之因素？　(A)淨利　(B)不附息之流動負債　(C)銷貨　(D)股東權益。

（　）230. 火紅公司投資所得增加，則：　(A)普通股東權益報酬率上升　(B)股東權益及長期負債報酬率不變　(C)權益成長率不變　(D)選項(A)、(B)、(C)皆是。

（　）231. 以下何者與股東權益報酬率無關？　(A)淨利率　(B)總資產週轉率　(C)平均財務槓桿比率　(D)負債比率。

（　）232. 在小甜甜公司的現金股利發放日，其：　(A)流動比率不變　(B)投資活動的現金流入量增加　(C)淨值報酬率下降　(D)選項(A)、(B)、(C)皆非。

（　）233. 負債比率提高，將使股東權益報酬率如何變動？　(A)增加　(B)減少　(C)不一定　(D)不變。

（　）234. 某公司淨利率為 12.5%，資產週轉率為 1.25。若股東權益報酬率為 24%，則權益比率為若干（假設該公司未舉債且期初股東權益等於期末股東權益、期初總資產等於期末總資產）？(A)130%　(B)65%　(C)30%　(D)15.6%。

（　）235. 某公司的股東權益報酬率為 15%，負債／權益比為 0.8，則總資產報酬率為：　(A)7.78%　(B)8%　(C)8.33%　(D)12%

（　）236. 里山公司於 XX 年第一季季末宣告現金股利，則該季之下列比率將受到何種影響？　(A)負債比率增加、股東權益報酬率減少　(B)負債比率增加、股東權益報酬率增加　(C)負債比率增加、股東權益報酬率不變　(D)負債比率不變、股東權益報酬率減少。

（　）237. 聯合公司的股東權益報酬率在 XX 年度大幅降低，可能的原因為何？　(A)淨利率下降　(B)總資產週轉率降低　(C)平均財務槓桿比率降低　(D)選項(A)、(B)、(C)皆有可能。

（　）238. 以下哪一項交易可以使企業在短期內迅速提高淨值報酬率？(A)在市場買回自己公司的股票　(B)大量發放股票股利　(C)辦理現金增資　(D)提高企業的現金股利發放率。

（　）239. 一般而言，如果舉債經營所得到的報酬率高於舉債所負擔的利率，則對股東權益報酬的影響將是：　(A)股東權益報酬率會下降　(B)股東權益報酬率會上升　(C)股東權益報酬率不受影響　(D)視舉債之期間（流動或非流動）而定。

（　）240. 某公司之總資產週轉率為 3.0，淨利率為 4%，前二項比率同業平均分別為 2.0 與 7% . 該公司與同業均無計息負債，則其總資產報酬率：　(A)較同業為高　(B)較同業為低　(C)與同業相同　(D)與同業無法比較。

（　）241. 期初存貨$40,000，期末存貨$20,000，銷貨$200,000，銷貨毛利率 30%，則存貨週轉率為若干？　(A)7.5　(B)4.7　(C)8.57　(D)10。

（　）242. 某公司的負債比率為 0.4，總資產週轉率為 3.5。若公司的股東權益報酬率為 12%，請計算公司的淨利率為：　(A)2.06%　(B)5.37%　(C)8.39%　(D)12.44%。

（　）243. 試問下列交易對比率所造成影響之敘述何者正確？　(A)賒購商品將使酸性測驗比率上升　(B)沖銷壞帳將使流動比率上升　(C)支付已宣告股票股利將使負債比率上升　(D)假設不考慮所得稅，一般而言，若舉債經營所得到的報酬率高於舉債所負擔之利率，則股東權益報酬率會上升。

（　）244. 百里公司在無負債的狀況下，其稅前總資產報酬率為 17%。若不考慮稅負，且該公司負債與股東權益比率為 0.3，利率為 7%，則其股東權益報酬率為何？　(A)21%　(B)16.5%　(C)17.25%　(D)20%。

（　）245. 企業希望提高其股東權益報酬率(ROE)，以下哪一個方式為無效的？　(A)改善經營能力　(B)減少閒置產能　(C)改變資本結構　(D)選項(A)、(B)、(C)皆有效。

（　）246. 若總資產報酬率為 20%，淨利率為 25%，則總資產週轉率約為：　(A)0.8 次　(B)1.25 次　(C)5 次　(D)4 次。

（　）247. 布蕾公司資產總額$4,000,000，負債總額$1,000,000，平均利率 6%，若總資產報酬率為 12%，稅率為 40%，則股東權益報酬率為若干？　(A)10%　(B)12%　(C)14.8%　(D)20%。

（　）248. 某公司的負債利率為 12%，公司的總資產報酬率為 5%，則該公司增加負債將：　(A)降低股東權益報酬率　(B)增加股東權益報酬率　(C)股東權益報酬率不變　(D)不一定。

（　）249. 以下哪一項交易可以使企業在短期內迅速提高淨報酬率？(A)在市場買回自己公司的股票　(B)大量發放股票股利　(C)辦理現金增資　(D)提高企業的現金股利發放率。

（　）250. 承租人將長期租賃資本化，將使其：　(A)總資產報酬率降低　(B)負債比率降低　(C)總資產報酬率提高　(D)總資產報酬率與負債比率均不受影響。

（　）251. 假設淨利率與股東權益比率不變，則總資產週轉率增加，將使股東權益報酬率：　(A)減少　(B)增加　(C)不變　(D)不一定。

（　）252. 下列有關盈餘轉增資對企業財務比率的影響，哪些是正確的？I.總資產報酬率減少；II.股東權益報酬率減少；III.負債比率減少　(A)僅 I 和 II 對　(B)僅 II 和 III 對　(C)僅 III 對　(D)三個敘述都不正確。

（　）253. 新達公司年度純益率為 20%，總資產週轉率為 0.2，請問新達公司去年度的總資產報酬率為多少？　(A)4%　(B)0.4%　(C)1.5%　(D)2.5%。

（　）254. 某百貨公司年終舉行跳樓大拍賣，不計成本，出清存貨，請問其正面效果會是：　(A)改善銷貨毛利率　(B)改善營運資金的週轉能力　(C)提高每股盈餘　(D)改善淨值報酬率。

（　）255. 某公司資產總額$2,500,000，負債總額$900,000，平均借款利率 10%，若所得稅率 25%，總資產報酬率為 12%，則股東權益報酬率若干？　(A)18.75%　(B)15%　(C)14.53%　(D)20%。

（　）256. 如果聯發航空公司的融資決策很成功，能適度運用財務槓桿原理，則其普通股權益報酬率應該：　(A)低於其毛利率　(B)高於其毛利率　(C)低於其總資產報酬率　(D)高於其總資產報酬率。

( ) 257. 舉債經營有利時，財務槓桿指數應： (A)小於 1 (B)大於 1 (C)等於 1 (D)不一定。

( ) 258. 下列事項中，何者不會影響當年度總資產報酬率？ (A)由短期銀行貸款取得現金 (B)發放股票股利 (C)發行股票取得現金 (D)宣告並發放現金股利。

( ) 259. 若公司不使用任何負債，且利息費用等於 0，而全部資金完全來自普通股權益，則稅後資產報酬率與股東權益報酬率之關係為： (A)資產報酬率＞股東權益報酬率 (B)資產報酬率＜股東權益報酬率 (C)資產報酬率＝股東權益報酬率 (D)不確定。

( ) 260. 某企業去年的銷貨淨額為$600,000，已知其總資產週轉率為 2.0，總資產報酬率為 15%，請問在扣減稅負後，其營業淨利為多少？ (A)$45,000 (B)$30,000 (C)$60,000 (D)$40,000。

( ) 261. 某公司的負債利率大於其總資產報酬率，則該公司每增加 1 元的負債，將： (A)降低股東權益報酬率 (B)增加股東權益報酬率 (C)股東權益報酬率不變 (D)不一定。

( ) 262. 因市場利率發生波動，所產生之報酬變動風險，稱為： (A)購買力風險 (B)市場風險 (C)系統風險 (D)利率風險。

( ) 263. 某企業去年的銷貨淨額為$600,000，已知其總資產週轉率為 2.0，總資產報酬率為 15%，請問在扣減稅負後，其營業淨利為多少？ (A)$45,000 (B)$30,000 (C)$60,000 (D)$40,000。

( ) 264. 一家公司的股東權益報酬率過低，以下何者不是其主要原因？ (A)淨利率過低 (B)資產週轉率太低 (C)自有資金比率太高 (D)股權過度集中。

( ) 265. 仁愛公司應收帳款週轉率 6，當年度平均應收帳款$40,000，平均總資產餘額$400,000，稅後淨利為$100,000，則總資產報酬率為何？ (A)15% (B)18% (C)20% (D)25%。

( ) 266. 三星公司 XX 年底之有關資料如下，股東權益$2,000,000，特別股股東權益$200,000，稅後淨利$1,000,000，特別股股利$100,000，稅率10%，則該公司普通股股東權益報酬率為何？ (A)30% (B)50% (C)60% (D)選項(A)、(B)、(C)皆非。

( ) 267. 新竹公司於 XX 年底宣告股票股利 1,00,000（每股面值$10），當時每股市價為$40。該公司 XX 年度淨利為$24,000,000，宣告股票股利前之平均股東權益為$180,000,000。該公司 XX 年度之股東權益報酬率為： (A)12.63% (B)12.00% (C)13.33% (D)10.91%。

( ) 268. 若廣達公司在毫無負債時的稅前總資產報酬率為 15%。在不考慮稅負時，當負債與股東權益比率為 0.25，利率為 6%，則其股東權益報酬率為何？ (A)21% (B)16.5% (C)17.25% (D)選項(A)(B)(C)皆非。

( ) 269. 若總資產報酬率為 25%，淨利率為 20%，則總資產週轉率的為： (A)0.8 次 (B)1.25 次 (C)5 次 (D)4 次。

( ) 270. 關於企業資產負債表分析敘述，何者有誤？ (A)一般而言，企業流動性比率越高，總資產報酬率越低 (B)一公司之總資產報酬率和一公司之舉債程度成正向關係 (C)經營風險高的企業，應採取低財務槓桿策略，以維持企業適當總風險水準 (D)在資產報酬率高於舉償資金成本前提下，負債比率越高，股東權益報酬率越高 (E)可以由流動性比率看出企業的短期償還風險。

( ) 271. 下列有關一公司績效能力衡量的敘述，何者為誤？ (A)假設資產報酬率高於舉償資金成本，股東權益報酬率(ROE)和一公司舉債程度成正向關係 (B)一公司追求淨利率(NIAT/SALES)的最高，無法保證該公司的總利潤最高 (C)一公司總資產報酬率(ROA)，和一公司資產管理效率程度成正向關係 (D)一般而言，組成總資產報酬率的兩因棄，淨利率與資產週轉率成反向關係 (E)舉債程度越高，資產報酬率(ROA)越高。

（ ）272. 股東權益報酬率高於普通股股東權益報酬率，是表示： (A)企業運用特別股資金之報酬大於特別股股利之報酬 (B)普通股報酬率高於特別股報酬率 (C)特別股股利報酬大於企業運用特別股資金之報酬 (D)特別股報酬率高於普通股報酬率。

（ ）273. 關於股利支付率之敘述，下列何者為非？ (A)股利支付率＝每股股利÷每股盈餘 (B)比率越高代表分配給股東的越多 (C)比率越高代表保留在公司內部的比率越高 (D)一般而言，快速成長中的公司，因為要保留大部分現金進行投資，因而股利支付率較低。

（ ）274. 以下何者並非決定本益比重要因素之一？ (A)資金成本率 (B)現金比率 (C)股利支付率 (D)EPS 成長率。

（ ）275. 五峰公司本益比為 60，股利支付率為 75%，今知每股股利為 $8，則普通股每股市價應為多少？ (A)$32 (B)$240 (C)$640 (D)$480。

（ ）276. 某公司股票的本益比為 50，股利收益率為 2%，則其股利支付比率約為： (A)60% (B)70% (C)80% (D)100%。

（ ）277. 市場預期下一年度亨大公司每股稅後盈餘 6 元，計畫以 50% 之股利支付比率發放現金股利，預期未來公司盈餘與股利每年成長率為 15%，直到永遠，市場對該公司所要求的報酬率是 25%，該公司股票的合理價值應最接近： (A)30 元 (B)20 元 (C)45 元 (D)60 元。

（ ）278. 安達公司 XX 年度的預估獲利為 150 億元，現金股利每股 3 元，流通在外股數為 10 億股，則安達公司的股利支付率為： (A)10% (B)20% (C)30% (D)40%。

（ ）279. 健盛公司本益比為 60，當年度平均普通股東權益$250,000，淨利$60,000，特別股股利$10,000，則該公司之股價淨值比率為何？ (A)2.4 (B)10 (C)12 (D)14.4。

（ ）280. 假設一公司之股東權益報酬率為 15%，該公司每年將其所賺得盈餘中的 40%保留在公司內作為新的投資，試問該公司盈餘及資產的成長率將是多少？ (A)9% (B)6% (C)15% (D)45%。

( ) 281. 甲公司的本益比較乙公司為高，下列何者正確？ (A)甲公司的股價較乙公司為高 (B)股價相同下，甲公司股東的現金股利收益率較乙公司的股東為低 (C)每股盈餘相同下，甲公司的股價較乙公司為低 (D)以上皆非。

( ) 282. 奇異公司的預期權益報酬率是 12%，若該公司的股利政策為發放 40%之股利，則在無外部融資假設下，其預期盈餘成長率是： (A)3.0% (B)4.8% (C)7.2% (D)9.0%。

( ) 283. 某公司的本益比為 17.5 倍，普通股權益報酬率 18%，總資產報酬率 12%，權益比率為 80%，則帳面價值對市值比率為： (A)31.75% (B)14% (C)252% (D)47.62%。

( ) 284. 某公司的營收資料如下： 20X5 年 900,000；20X4 年 750,000；20X3 年 500,000。若 20X3 為基期，則 20X3 至 20X5 年營收的成長率為： (A)100% (B)180% (C)80% (D)55.5%。

( ) 285. 無塵晶圓現有本益比為 30，今市場傳出幾項分析師預測，假設其他情形不變，請問以下哪一項預測，對其本益比會有負面影響？ (A)預測無塵股票的系統性風險係數會下降 (B)預測無塵的營業槓桿率下降 (C)預測無塵的每股盈餘將會繼續成長，但是成長率由原先的 25%降為 20% (D)預測無塵的財務槓桿率下降。

( ) 286. 某企業流通在外普通股共 20,000 股，原始發行價格為每股 15 元，目前普通股每股帳面價值為 25 元，每股市價為 40 元，今年度宣告的普通股股利共有 64,000 元，請問該公司股票的收益率(dividend yield)為多少？ (A)7.5% (B)10% (C)8.0% (D)13.3%。

( ) 287. 假設一債券的面額為二十萬元，票面利率為 5%，每年付息一次，債券的收益率(Yield)為 5%，則其價格： (A)大於二十萬元 (B)小於二十萬元 (C)等於二十萬元 (D)無法判斷，此將決定於債券之到期日。

（　）288. 假設甲公司之股利預期將以每年 3%的固定成長率增加下去，預計下一次（一年以後）的股利金額為$10，再假設資金成本率為 8%，試問目前股票的價值應為多少？　(A)$100 (B)$200　(C)$800　(D)$1,000。

（　）289. 股利折現模式的股利：　(A)僅包括現金股利　(B)僅包括股票股利　(C)同時包括現金股利與股票股利　(D)即等於每股盈餘。

（　）290. 當一家公司普通股之本益比(price/EPS ratio)偏低時,最可能代表何種意義？　(A)股價被低估　(B)股價被高估　(C)公司處於高成長階段　(D)市場預期當年度 EPS 相較於未來 EPS 異常的偏高。

（　）291. 當一家公司普通股之價格淨值比(price/book value ratio)偏低時，最可能代表何種意義？　(A)股價被低估　(B)股價被高估 (C)公司未來較可能無法獲得正常利潤　(D)公司未來較可能賺取超額盈餘。

（　）292. 若公司的股票股利配股率越高，則股東權益總值有何變化？ (A)縮小　(B)不變　(C)放大　(D)不一定。

（　）293. 就相同盈餘的公司而言：　(A)當期暫時性盈餘高的公司，未來盈餘的持續性高，所以有較高的本益比　(B)當期暫時性盈餘高的公司,未來盈餘的持續性高,所以有較低的本益比　(C)當期暫時性盈餘高的公司，未來盈餘的持續性低，所以有較高的本益比　(D)當期暫時性盈餘高的公司，未來盈餘的持續性低，所以有較低的本益比。

（　）294. 美世公司 XX 年度的稅後純益為$30,000,000，普通股每股純益（即每股盈餘）為$20，所得稅率為 25%。該公司 XX 年全年的利息費用為 $5,500,000。非累積特別股的股利為 $12,000,000。股利發放率（普通股每股現金股利除以每股純益）為 50%。此外，該公司之普通股於 XX 年全年流通在外。試問 XX 年度普通股股利之總金額為若干？　(A)$3,500,000 (B)$9,000,000　(C)$14,500,000　(D)$18,000,000。

（　）295. 成長型股票與價值型股票，可以由以下何者區分？　(A)本益
比　(B)報酬率　(C)系統性風險　(D)公司規模。

（　）296. 歐來公司 XX 年度之本利比（市價除以股利）及本益比分別為
20 及 10，且其當年度每股現金股利$2，則該公司當年度每
股盈餘若干？　(A)$6　(B)$4　(C)$10　(D)$15。

（　）297. 下列對於本益比的敘述，何者為非？　(A)公式為每股市價÷
每股稅後盈餘　(B)倒數為投資人投資股票所能獲得的預期報
酬率　(C)可以用來衡量股票價格的合理性　(D)成長性越高
的公司，其本益比越低。

（　）298. 大和公司 XX 年度之本利比為 20，另其當年度每股盈餘及每
股現金股利分別為$4 及 $2，則該公司 XX 年度之本益比若干？
(A)5　(B)10　(C)40　(D)80。

（　）299. 某公司之股利預計將以每年 g%的固定成長率增加下去，目前
的股票價格為$50，資金成本為 16%，下一次發放股利的時
間是在一年以後，預計之金額為 5%，請問 g 為多少？　(A)4
(B)6　(C)8　(D)16。

（　）300. 假設目前甲公司的淨值為 9,520,000 元，流通在外股數為 100
萬股，若所屬產業的合理市價淨值比為 14 倍，請問其合理股
價應為：　(A)140 元　(B)127 元　(C)133 元　(D)147 元。

（　）301. 在股利折現的模型(dividend discount model)裡，下列何者不
會影響折現率？　(A)實質無風險利率　(B)股票之風險溢酬
(C)預期通貨膨脹率　(D)資產報酬率。

（　）302. 當公司處於產業壽命週期的初期，傾向於採：　(A)低股利發
放率　(B)低投資率　(C)低投資報酬率　(D)低銷售成長率。

（　）303. 關於股利支付率之敘述，下列何者為非？　(A)股利支付率＝
每股股利÷每股盈餘　(B)比率越高代表分配給股東的越多
(C)比率越高代表保留在公司內部的比率越高　(D)一般而
言，快速成長中的公司，因為要保留大部分現金進行投資，
因而股利支付率較低。

（　）304. 普通股市價下降，其股利支付率將：（假設其他一切條件不變）
(A)不變　(B)不一定　(C)上升　(D)下降。

（　）305. 在理論上，本益比最主要之決定因素為：　(A)盈餘成長率　(B)
殖利率　(C)普通股股本　(D)負債比率。

（　）306. 設某公司本年度每股盈餘為$5，每股可配股利$3，而本年底
每股帳面價值為$36，每股市價為$45，則該公司股票之本益
比為（假設所得視率為零）：　(A)7.2 倍　(B)9 倍　(C)12 倍
(D)15 倍。

（　）307. 某公司的股東權益報酬率為 19%，市價淨值比為 1.9 倍，則
公司的本益比為：　(A)10　(B)14　(C)19　(D)36.1。

（　）308. 何者會提高公司股票的本益比？　(A)公司負債比率提高　(B)
公司股東報酬率提升　(C)通貨膨脹率上升　(D)公債殖利率
上升。

（　）309. 以股票之每股股利除以每股市價，稱為：　(A)盈餘價格比
(B)股利支付率　(C)現金收益率　(D)本益比。

（　）310. 假設某公司之股利預計將以每年 2%的固定成長率增加下
去，該公司最近剛發過股利，其金額為每股$3，下一次的發
放日是在一年以後，該公司之資金成本率為 10%，試問目前
股票價值應為多少？　(A)$25.0　(B)$37.5　(C)$38.25
(D)$75.0。

（　）311. 某上市的公司之股價為 780 元，每股股利為 13 元，請計算
公司的股利收益率為何？　(A)16.7%　(B)12.9%　(C)1.67%
(D)1.28%。

（　）312. 在既定之本益比及股利支付數額下，股利支付率越高者，表
示其股票之市價：　(A)無影響　(B)越高　(C)越低　(D)不一
定。

（　）313. 本益比可作下列何種分析？　(A)投資報酬率分析　(B)獲利能
力分析　(C)短期償債能力分析　(D)資金運用效率分析。

（　）314. 某上市公司股價為 50 元，今年預計發放 5 元現金股利，請問
股利殖利率為多少？　(A)4%　(B)7%　(C)8%　(D)10%。

（　）315. 某股票的要求報酬率是 15%，固定成長率是 10%，股息發放率是 45%，依據股利折現模式該股票的本益比最可能是多少？　(A)3.0　(B)4.5　(C)9.0　(D)11.0。

（　）316. 甲、乙兩公司資本結構、產品相同，則當甲公司每股盈餘大於乙公司每股盈餘，則甲公司價值會與乙公司的價值相比：(A)甲大於乙　(B)甲小於乙　(C)甲乙相等　(D)資訊不足，無法比較。

（　）317 某公司的營收資料如下：XX3 年 $900,000；XX2 年 $750,000；XX1 年 $500,000，若 XX1 年為基期，則 XX1 年至 XX3 年營收的成長率為：　(A)100%　(B)180%　(C)80%　(D)55.5%。

（　）318. 一公司的權益報酬率為 20%，且其現金股利發放率為 30%，則在無外部融資假設下，其盈餘成長率為：　(A)6%　(B)10%　(C)14%　(D)20%。

（　）319. 下列對於本益比的敘述，何者為非？　(A)公式為每股市價÷每股稅後盈餘　(B)倒數為每股報酬率　(C)又稱價盈比　(D)高成長率的公司，本益比通常偏低。

（　）320. 一個投資者計畫在兩年後買股票時，仍用股利模式去評價其股票，因為：　(A)賣價太高以至於不能考慮　(B)賣價和分析無關　(C)賣價由未來市場決定，現在不知　(D)賣價內建在股利模式中。

（　）321. 哈利公司的市價淨值比為 1.5 倍，股東權益報酬率為 14%，則本益比為何？　(A)10.7　(B)12.3　(C)9.3　(D)21。

（　）322. 若一家有淨利 1 百萬，並有流通在外股數 25,000 股，其市值為 3,200 百萬，則其本益比為：　(A)64　(B)4　(C)32　(D)16。

（　）323. 公司每股淨值逐年增加代表：　(A)公司股價逐年增加　(B)公司獲利逐年增加　(C)如果每年發放現金股利相間，股東的現金收益率逐年降低　(D)如果公司股價不變，公司的股價淨值比逐年降低。

（　）324. 如果公司的股價不變，下列何者不影響本益比？　(A)公司提列折舊　(B)公司持有交易目的金融資產之市價上漲　(C)公

司持有備供出售金融資產之市價下跌　(D)公司給與員工現金分紅。

(　) 325. 公司提高現金股利發放率,其股價會:　(A)上漲　(B)下跌　(C)不一定上漲或下跌　(D)不變。

(　) 326. P 公司股票要求報酬率為 10%,股利成長率 5%,已知該股票剛除息,每股 3 元,該公司股利穩定成長,且未曾配票股利,求該股票市價為多少?　(A)40　(B)42　(C)45　(D)63。

(　) 327. X 公司的權益報酬率為 20%,且其現金股利發放率為 30%,在無外部融資假設下,其盈餘成長率為:　(A)6%　(B)10%　(C)14%　(D)20%。

(　) 328. 某公司之股價為 80 元,每股現金股利為 4 元,每股盈餘為 5元,股利支付率為何?　(A)50%　(B)62.5%　(C)75%　(D)80%。

(　) 329. 盈餘對股票定價的重要性是基於所有下列原因,除了:　(A)盈餘屬於股東　(B)股利由盈餘支付　(C)股價直接被盈餘影響　(D)公司沒有盈餘就沒有價值。

(　) 330. 請由以下效新企業的財務資料計算出該企業普通股的每股權益帳面價值:總資產\$250,000、淨值\$110,000、普通股股本\$50,000（5,000 股）、特別股股本\$10,000（1,000 股）(A)\$41.67　(B)\$31.25　(C)\$20.00　(D)\$34。

(　) 331. 將債券每期的利息收入除以其市價之報酬率可稱為何者?(A)到期收益率　(B)息票利率　(C)市場有效利率　(D)現行投資收益率。

(　) 332. 在理論上,本益比最主要之決定因素為:　(A)盈餘成長率(B)殖利率　(C)普通股股本　(D)負債比率。

(　) 333. 台奇公司的股利分配率預定為 40%,EPS＝8 元,則其每股現金股利將為何?　(A)6.4 元　(B)1.6 元　(C)0.4 元　(D)3.2 元。

(　) 334. 在預估未來股市時,下列哪項指標的增加最可能造成整體股市預估本益比的增加?　(A)實質無風險利率　(B)財務槓桿(C)要求報酬率　(D)預期股息成長率。

( ) 335. 若預估 A 股明年每股現金股利為 3 元，折現率 20%，股利成長率為 15%，則依股利成長模式(constant growth dividend discount model)，A 股之合理價格為： (A)60 元 (B)20 元 (C)33 元 (D)50 元。

( ) 336. 當公司發放 40%的股票股利時，股價會變成配股前之： (A)51% (B)61% (C)71% (D)不變。

( ) 337. 某公司的本益比為 12 倍，股東權益報酬率為 13%，則市價淨值比為何？ (A)0.6 (B)0.9 (C)1.1 (D)1.6。

( ) 338. 下列何者為有價證券評等選用之指標？ (A)資本結構 (B)每股盈餘 (C)股價穩定性 (D)選項(A)、(B)、(C)皆是。

( ) 339. 在其他條件相同下，負債比率越大的公司，其股票可接受的本益比： (A)越大 (B)不一定，視總體環境而定 (C)越小 (D)不一定，視負責人風險偏好而定。

( ) 340. 針對高獲利的企業，下列何種評價方法，較適合評估企業價值？ (A)重量價值 (B)帳面價值 (C)繼續經營價值 (D)清算價值。

( ) 341. 某公司 XX 年度的預估獲利為 100 億元，現金股利每股 2 元，公司流通在外股數為 10 億股，則公司的股利支付率為： (A)10% (B)20% (C)30% (D)40%。

( ) 342. 發放股票股利，理論上將使本益比： (A)不變 (B)降低 (C)提高 (D)不一定。

( ) 343. 成長般的本益比高是因為： (A)投資人對於每股盈餘暫時偏低的股票仍願意以較高的價格購買 (B)成長股的資金成本率較低 (C)成長股的股利發放率較高 (D)投資人顧意為了公司未來較高的每股盈餘而支付較高的價格。

( ) 344. 連新企業今年 12 月 31 日普通股的市價為 30 元，當公司流通在外普通股共 100,000 股，每股面額 10 元，該公司今年度帳上股東權益總額 $2,800,000，還未結轉的本期淨利為 $600,000，年中曾支付 3 元的普通股股利，請問連新企業當天的本益比為多少？ (A)5.0:1 (B)2.4:1 (C)0.67:1 (D)1.5:1。

（　）345. 下列哪些財務比率只用到資產負債表的會計科目？　(A)本益
比　(B)毛利率　(C)流動比率　(D)平均收現期間。

三、計算題

1. 以下為 A 公司部分的財務資料

第 2 年 12 月 31 日

現　　　　金	$	80,000
應收帳款（淨額）		300,000
存　　　　貨		150,000
短期投資		50,000
用品盤存		20,000
預付費用		60,000
銀行透支		30,000
應付帳款		180,000
短期借款		70,000

另外尚知

第 2 年初應收帳款	$	420,000
第 2 年初存貨		30,000
第 2 年銷貨淨額		1,800,000
第 2 年銷貨成本		180,000

試計算：

(1) 營運資金。

(2) 流動比率。

(3) 速動比率。

(4) 應收帳款週轉率。

(5) 應收帳款週轉天數。

(6) 存貨週轉率。

(7) 存貨週轉天數。

(8) 營業週期。

（一年以 360 天計算）

（以四捨五入計算至小數點以下第二位）

2. B 公司第 2 年終分析資產負債表，獲以下資料：

流動比率　　　　　　　210%

酸性測驗比率　　　　　140%

部分流動資產帳戶餘額為：

應收帳款 $60,000

期末存貨 $50,000

預付費用 $20,000

則該公司流動資產為若干？流動負債為若干？

3. C 公司第 3 年終財務資料如下：

簡明資產負債表

資　　產		負　債	
流動資產	$ 770,000	流動負債	$ 215,000
固定資產	760,000	長期負債	
無形資產	100,000	應付公司債(8%)	300,000
其他資產	70,000	股東權益	
		普通股本（面值@10）	600,000
		資本公積	320,000
		保留盈餘	265,000
資產合計	$1,700,000	負債及股東權益合計	$1,700,000

部分損益表（第 3 年度）

營業淨利	$204,000
減：利息費用	24,000
稅前淨利	$180,000

試計算該公司第 3 年底之：

(1) 負債比率。　　　　　　　　(5) 固定資產對長期資金比率。

(2) 股東權益對負債比率。　　　(6) 賺取利息倍數。

(3) 股東權益對固定資產比率。　(7) 普通股每股帳面價值。

(4) 固定資產對長期負債比率。

4. D 公司第 2 年度部分財務資料如下

	期　初	期　　末
資產總額	$520,000	$680,000
股東權益	500,000	580,000
特別股股本 8%（面值@10）	200,000	200,000
普通股每股市價		25

　　稅前淨利$280,000，利息費用$56,000，所得稅率 30%。

　　1 月 1 日流通在外之普通股有 30,000 股，3 月 1 日現金增資 2,400 股，8 月 1 日購回庫藏股 6,000 股,10 月 1 日股票分割使 1 股分成 2 股。

　　試計算：

(1) 資產投資報酬率。　　　　　(4) 每股盈餘(EPS)

(2) 股東權益報酬率。　　　　　(5) 本益比(P/E)。

(3) 普通股權益報酬率。　　　　(6) 財務槓桿指數。

5. E 公司第 6 年度之財務資料如下

流動負債	$150,000	長期負債（利率5%）	$750,000
股東權益	1,100,000	付息前及稅前純益	216,000
利息費用	42,000	所得稅費用	69,600

　　試利用財務比率說明該公司舉借長期負債是否對股東有利？

6. F 公司第 2 年度損益資料如下

（簡明）損益表

銷貨淨額	$1,200,000
減：銷貨成本	840,000
銷貨毛利	$360,000
減：營業費用	280,000
營業淨利	$ 80,000
減：所得稅	20,000
本期淨利	$ 60,000

　　試為該公司計算第 2 年度之：

(1) 銷貨毛利率。

(2) 銷貨成本率。

(3) 純益率。

7. 試根據下列資料，求未知數。

資產負債表

現　　金	$25,000	應付帳款	$?
應收帳款	?	應付所得稅	25,000
存　　貨	?	長期負債	?
固定資產	294,000	普通股本	300,000
		保留盈餘	?
	$432,000		$432,000

補充資料：

(1) 銷貨毛利率 30%。

(2) 毛利額 $315,000。

(3) 應收帳款週轉率（以期末應收帳款為基礎）12.5 次。

(4) 期末流動比率 1.5：1。

(5) 全部負債為股東權益的比率 80%。

8. G 公司第 3 年各項財務分析資料如下

平均存貨週轉率	6 次
銷貨毛利率	30%
每股盈餘	12 元
普通股股數	10,000 股
盈餘為利息的倍數	5 倍
所得稅率	40%

今知該公司第 3 年期末存貨為期初存貨的 60%，期末存貨$262500，
試編製 G 公司
第 3 年度之損益表。

9. H 公司第 2 年底之長期負債及股東權益如下：

6 厘應付公司債	$500,000
6 厘非參加特別股每股面額$10	600,000
普通股每股面額$25	1,200,000
普通股溢價	100,000
末分配盈餘	300,000
本年稅前純益（稅率 40%）	200,000

且第 2 年底 H 公司平均資產總額$2,500,000，利息費用為$60,000，試計算

(1) 股東權益報酬率（百分比）。

(2) 普通股股東權益報酬率（百分比）。

(3) 每股盈餘。

(4) 總資產報酬率。

(5) 舉債經營是否有利？

10. 成功公司 XX 年度部分資料如下：

銷貨淨額	$1,200,000	平均應收帳款	$240,000
銷貨成本	800,000	平均存貨	200,000

假設一個營業年度有 300 天，試為計算其營業週期有幾天？

11. 由利台公司某年終資產負債表分析，得到下述資料。

(1) 流動比率＝250%

(2) 流動比率－速動比率＝3/5

(3) 期末存貨＝$150,000

試求該公司年終：(A)流動負債總額，(B)速動資產總額。

12. 保固公司 XX 年度相關資料如下：

	XX 年終	XX 年初
應收帳款	$70,000	$50,000
存貨	80,000	60,000

另悉：XX 年度應收帳款週轉率為 8 次，存貨週轉率 5 次。

試求：XX 年度之銷貨毛利。

13. 甲公司 XX 年度及年終有下列部分資料：

	1/1	12/31
應收帳款	$10,000	$12,000
應付帳款	5,000	5,500
存貨	30,000	31,600
銷貨淨額（毛利率 30%）	660,000	

另悉：該公司每年營業日數為 300 天。

試求：

(1) 應收帳款週轉率及平均收帳期。

(2) 存貨週轉率及平均銷售期。

(3) 營業週期所需日數。

14. 乙公司 XX 年度之毛利率 40%，存貨週轉率 9 次，應收帳款週轉率 12 次，銷貨淨額$600,000，期初存貨$30,000，期初應收帳款$40,000，本期進貨運費$7,000，進貨退出及折讓$17,000。

試求：

(1) 期末存貨。

(2) 本期進貨。

(3) 期末應收帳款。

15. 義華公司 XX 年終已編妥財務報表如下：

（部分）資產負債表

XX.12.31

流動資產		流動負債	
現金	$5,000	銀行透支	$ 13,000
應收票據	10,000	應付帳款	10,000
應收帳款	11,000		
存貨	14,000	另悉：期初應收帳款	$ 9,000
預付費用	2,000		
合計	$42,000		

（部分）損益表

XX 年度

銷貨淨額			$116,000
銷貨成本			
存貨(1/1)	$10,000		
進貨	90,000	$100,000	
存貨(12/31)		14,000	86,000
毛利			$30,000

試求：

(1) 流動比率　　　(4) 應收帳款週轉率　　　(7) 存貨週轉期

(2) 速動比率　　　(5) 應收帳款週轉期　　　(8) 毛利率

(3) 流動資金　　　(6) 存貨週轉率

16. 裕隆公司 XX 年終之相關資料如下

流動資產：		流動負債：	
現金	$14,000	應付票據	$15,000
應收帳款（淨額）	16,000	應付帳款	10,000
存貨	18,000	流動負債合計	$25,000
預付費用	2,000		
流動資產合計	$50,000		

設該公司本年度實際營業 320 天

另悉： 期初應收帳款 $12,000　本期銷貨淨額 $140,000
　　　 期初存貨 13000　本期銷貨成本 124,000

試為計算該公司 XX 年底之：(1)流動比率，(2)速動比率，(3)營運資金，(4)應收帳款週轉率，(5)應收帳款週轉日數，(6)存貨週轉率，(7)存貨週轉日數，(8)營業週期。

17. 建台公司 XX 年終之相關資料如下：

簡明資產負債表

XX.12.31

資產		負債	
流動資產	$180,000	流動負債	$75,000
		長期負債	
固定資產	220,000	公司債（8釐）	125,000
		股東權益	
其他資產	50,000	普通股本	200,000
		法定公積	10,000
		保留盈餘	40,000
資產合計	$450,000	負債及股東權益	$450,000

部分損益表

XX 年度

....

營業純益	$50,000
減：公司債利息	10,000
稅前純益	$40,000

試為計算該公司 XX 年底之：

(1) 股東權益比率　　(2) 負債比率　　(3) 股東權益對固定資產比率

(4) 固定比率　　　　(5) 公司債息保障倍數

18. 華夏公司 XX 年度期初、期末相關之財務資料如下：

期初資產總額	$400,000	期初股東權益	$220,000
期末資產總額	480,000	期末股東權益	280,000
本期稅前純益	100,000	本期利息費用	10,000

期初有普通股 18,000 股，4/1 現金增資 4,000 股，9/1 收回 3,000 股，期末普通股每股市價$72，所得稅率 20%。

試為該公司計算 XX 年度：

(1) 資產報酬率

(2) 股東權益報酬率

(3) 財務槓桿指數

(4) 每股盈餘

(5) 本益比

19. 文化 XX 年終有下列財務資料：

六釐公司債	$150,000	營業純益	$120,000
普通股@$10	300,000	公司債息	9,000
償債基金準備	50,000	稅前純益	$111,000
保留盈餘	30,000	所得稅	27,000
普通股每股市價	$25	稅後純益	$84,000

試據以求：(1) 債息保障倍數　　　　(3) 每股盈餘
　　　　　(2) 股東權益（淨值）報酬率　(4) 本益比

20. 台橡公司 XX 年底之長期負債及股東權益如下：

應付八釐公司債	$500,000
六釐非參加特別股本，每股面值$10	600,000
普通股本，每股面值$10	1,200,000
普通股溢價	100,000
保留盈餘	300,000
本年納稅前純益，稅率 20%	200,000

另有相關資料：

(1) 資產總額$4,000,000

(2) 普通股期末市價$25

(3) 普通股每股股利$0.70

試計算該公司 XX 年度之：

(1) 股東權益獲利率　　　　　(6) 本益比

(2) 普通股權益獲利率　　　　(7) 資產報酬率

(3) 公司債息保障倍數　　　　(8) 財務槓桿指數

(4) 純益相當於特別股利之倍數　(9) 股利率（普通股）

(5) 普通股每股盈餘

21. 於 XX 年 1 月 1 日時甲公司發行並流通在外之普通股共計 600,000 股,當年度 6 月 1 日時該公司發生 10%之股票股利,而於 10 月 1 日時該公司買回庫藏股 24,000 股,當年度特別股流通在外股數為 100,000 股,面額$10 元股利率為 7%的累積特別股,XX 年度之淨利為$4,321,000,試計算當年度之每股盈餘。

22. 假設乙公司於 XX1 年底流通在外之普通股數為 100,000 股,除普通股外該公司無其他股份存在,於 XX2 年 2 月 1 日該公司增資發行新股 72,000 股,7 月 1 日收回庫藏股 36,000 股,而於 10 月 15 日時宣布股票分割,每一股分割為 3 股,該年度淨利為$888,000,則計算當年度之每股盈餘。

FINANCIAL STATEMENT
ANALYSIS

CHAPTER

09

財務危機之偵測

第一節　財務風險之種類

所謂風險,即是對於不利事件發生的不確定性,就企業經營而言,發生財務風險之不確定性,是無法避免的,問題是,只要了解它、控制它、規避它,即可使因企業財務風險,導致財務危機的機率降低,所以要能對財務危機作預測,先了解財務風險之種類,一般來説,可以分為兩大類:

一、第一種系統風險(systematic risk)

是指整個投資組合或是整個市場,整個系統都會遭遇之風險,所以又叫系統風險,因為總體因素導致報酬率之波動,而且無法分散其投資標的物來降低其風險,所以又稱為不可分散之風險(nondiversifiable risk)或市場風險(market risk)。

二、第二種非系統風險(nonsystematic risk)

是指總體經濟以外之因素而導致報酬率之波動,因其可藉由分散投資標的來降低風險,又稱為可分散之風險(diversifiable risk),其是屬於個別資產或少數資產所特有之風險,不是整個市場所共同面對之風險,可以彼此抵銷,故稱為非系統風險,一般而言,資金成本決定於風險程度,在一個投資標的非常多之市場,各項資產之非系統風險,可以透過多角化分散掉,所以證券發行者不會對此風險提供任何補償,因此,決定必要報酬率的是個別資產之系統風險,亦即任何一家企業之資金成本是決定於該企業之系統風險。

至於系統風險該如何衡量呢?因為系統風險之所以無法消除,必是一些原因使整個投資組合內所有之資產同時漲,也同時跌,無法互相抵消,整個市場內之因素錯綜複雜,例如:利率、匯率、投資國民生產毛額、油價等,很難判斷哪些因素會影響系統風險,因此在衡量企業之系統風險時,是採取共變觀測法,因為當個別資產之報酬與市場之報酬息息相關時,表示該資產之系統風險越高,反之,如果個別資產與市場之報酬關聯性不大時,表示其系統風險較小。

而該如何測量個別資產之系統風險呢？只要測量個別資產之報酬率與總市場報酬率之間的共變數占市場體系本身波動程度之比重如何，就可用來表示個別資產的系統風險了。

最常見有下列幾種：

1. 流動性風險(liquidity risk)

所謂流動性風險，是指企業將資產轉換成現金之速度快慢所隱含之風險，或是企業現金流入無法支應現金流出，發生週轉不靈的風險，所以觀察流動性風險，最常用的指標即是流動比率，速動比率及現金流量比率。

2. 違約風險(default risk)

又叫利息風險或財務風險，是指企業向外舉債的風險，舉債較高的企業，在銷售量穩定成長時，支付利息的壓力自然較低，但若景氣衰退，銷售量減少，卻又有利息支付的壓力，很容易有資金週轉困難之風險。

3. 利率風險(interest risk)

是指利率變動造成實質報酬率變化所產生之風險，利率變動對實質報酬率所反映的資產價值之影響是反向的，亦即在其他條件不變之情況下，利率上升，會使資產價值下跌，利率下降，會使資產價值上升，因此利率會造成報酬之不穩定，稱為利率風險。

4. 通貨膨脹風險(inflation risk)

因為物價上漲，而導致持有貨幣性資產價值下跌，所以又叫購買力風險，所以若通貨膨脹越高，風險就越大，反之就越小，若通膨穩定，就沒有購買力風險。

5. 企業風險(business risk)

是指企業之營運，因為景氣之波動，使得營業利潤受到不利之影響，此即企業之營運風險，當經濟景氣轉壞時，企業之營運風險最大，反之，則最小，若考慮企業之總風險，則包括財務風險，即企業之總風險＝營運風險×財務風險。

第二節 財務危機風險發生的原因

所以綜上所述，我們可以整理出幾種常見，會造成財務危機風險發生之原因：

1. 生產管理不善。

2. 財務及行銷不力。

3. 投資失當。

4. 償債能力變弱，亦即流動比率及速動比率偏低。

5. 產品收益率變弱。

6. 存貨積壓。

7. 連續幾年，資產週轉率小於一。

8. 負債比率大於二且明顯高於同業。

9. 營業活動淨現金流量產生赤字。

10. 借款增加，但營業收入為增加。

11. 存貨除以資本的比率大於一。

12. 應收帳款週轉率、固定資產週轉率及總資產週轉率越來越低。

13. 負責人有出現異常的關聯人交易。

14. 會計師出具無法表示意見或保留意見之簽證報告。

另外，會產生財務危機企業之特性有下列幾項：

1. 企業管理不佳

(1) 經營當局不當挪用企業資金。

(2) 交叉持股過度。

(3) 和其他上市企業交叉持股。

(4) 關係人交易頻繁錯綜複雜。

(5) 轉投資非上市企業，而這些企業又再轉投資其他企業。

2. 高度財務槓桿

(1) 董監事及大股東質押股票。

(2) 借殼上市並迅速擴張股本。

(3) 信用擴張且負債比率過高。

(4) 營業額快速成長存貨及應收帳款急增且大量舉短債。

(5) 利息支出增加資金成本提高。

3. 經營決策不當

(1) 企業本業過度擴張，負債比率過高。

(2) 多角化經營失敗。

(3) 設立以子公司存在之投資公司。

(4) 以低價搶客戶，不惜成本，忽略企業應有之利潤。

4. 連鎖效應

(1) 客戶倒帳影響企業週轉能力。

(2) 銀行信用管制或抽銀根。

(3) 不景氣之連鎖反應。

(4) 產品遭遇大額索賠。

(5) 經銷商拒絕進貨。

5. 掏空企業資產

(1) 以控股企業型態投資多家投資公司。

(2) 以投資公司再投資企業或交叉買賣資產。

(3) 創造新的利益輸送。

(4) 以私人購買交叉持股企業。

(5) 向關係人購買高價資產。

(6) 向關係人高價進貨。

其他，如財務報表分析中看不到之資訊，例如：

1. **產業部分：**例如產品無特殊，且未從事研發與創新。
2. **財務部分：**例如財務報表有偽造而失真，財務報表透明度低。
3. **投資部分：**例如盲目投資，未分析市場供需也未知前景，而大膽投資。
4. **經營部分：**例如大量炒股，看不出經營邏輯。
5. **內控部分：**例如有塞貨情形，造成應收帳款回收緩慢或存貨積壓。

第三節　財務危機之衡量指標與對策

當對企業之財務狀況產生質疑時，可用下列指標來衡量，最主要之衡量指標有下列三種：

一、財務槓桿度(degree of financial leverage, DFL)

財務槓桿作用是指企業利用舉債資金而支付固定利息，以增加普通股東之權益，當稅前及利息前之淨利(earning before tax and interest or EBIT)變動，而引起每股盈餘變化之百分比，稱為財務槓桿度，簡言之，是用來衡量財務風險，財務槓桿度越高，表示財務彈性越大，財務風險也越大，亦即固定成本越高，導致稅前及利息前之淨利變動對每股盈餘變動之影響效果越大，其公式如下：

財務槓桿度＝營業利益／（營業利益－利息費用）

$DFL=EBIT/(EBIT-I)$ I=interest 　，如沒有利息費用，則 DFL=1

$DFL=[Q(P-V)-F]/[Q(P-V)-F-I]$

此比率反應，舉債經營之槓桿程度，當負債比率越高，財務槓桿使用越大時，企業營業利益越容易產生較大之波動。

二、營業槓桿度(degree of operating leverage, DOL)

營業槓桿度是用來衡量企業固定成本使用之狀況，其公式如下：

營業槓桿度＝（銷貨收入－變動營業成本與費用）／營業利益
＝邊際貢獻／營業利益
＝營業利益變動百分比／銷貨量變動百分比

其中，銷貨收入－變動營業成本與費用＝未扣除固定成本前營業利益，而銷貨－變動成本－固定成本＝營業利益，所以，固定成本越高，營業槓桿度就越大，營業風險也增加。

三、綜合槓桿度(degree of combined leverage, DCL)

綜合槓桿度是指企業在既定之資本結構下，因銷貨量變動而影響每股盈餘變化之百分比，又稱為合併槓桿度，是營業槓桿(DOL)與財務槓桿(DFL)相乘之綜合效果，亦即用來衡量企業整體之風險，因為營業槓桿是在衡量企業在某種產銷水準下，因銷貨量變化而引起營業利益變化之百分比，亦即營業槓桿度(DOL)＝營業利益變化百分比／銷貨量變化百分比，所以，綜合槓桿度(DCL)之公式如下：DCL=DOL × DFL

所以想要控制企業整體風險，必須要有健全之財務管理能力，若要維持企業整體之風險不要太高，財務槓桿度與營業槓桿度必須妥善運用，例如，當財務槓桿太高，營業槓桿必須降低，才能維持一定之平衡，但是須特別注意的是，若營業收入大幅滑落，導致營業利益出現虧損時，此時財務槓桿與營業槓桿不再具有分析之意義。

四、財務槓桿乘數(financial leverage multiplier)

又叫財務槓桿指數或權益乘數，其公式如下

財務槓桿乘數＝權益報酬率／資產報酬率

運用上述之公式可知：

1. 當企業沒有負債，財務槓桿乘數等於一，亦即權益報酬率等於資產報酬率，企業沒有財務風險。

2. 當企業有負債，負債小於股東權益，財務槓桿乘數必大於一，權益報酬之波動幅度會大於資產報酬率之波動幅度，股東將承擔一些風險。

3. 當企業負債大於股東權益，財務槓桿指數為二以上，企業財務風險極大，企業面臨倒閉風險。

　一般要預防財務危機之發生，可採取下列策略：

1. 提高企業之自有資產：盡量減少舉債，借錢是為了賺錢，但若財務槓桿運用不好，賺錢卻要償還利息，很容易導致償債能力降低，所以最好每年由盈餘中提撥公積金，以累積自有資本，借款也勿超過允當的負債比率，才能健全財務結構。

2. 選擇適當的資金調度方式，絕對不可以短期負債支付長期負債，導致週轉不靈。

3. 盡可能增加現金流量，及提高可變現之資產，尤其在未來一年內，現金流入能大於現金流出，表示財務週轉沒有問題。

第四節　財務危機之預測模式 (financial distress prediction model)

　財務危機預測模式又叫破產預測模型 (bankruptcy prediction models)，一般我們常用多變量模式來預測企業之財務危機，最常用的模式是以 Edward I. Altman 所發展之 Z-score 模式，其公式有兩種，分別是：

※ 公式一：

　Z=1.2X1+1.4X2+3.3X3+0.6X4+X5

　X1＝淨營運資金／資產

　X2＝保留盈餘／資產

X3=EBIT／資產

X4＝股票市價總值／總負債

X5＝營業收入／資產

Z＝綜合判斷數值

在此須特別注意的是，Z-score 模式，因為須取得許多的財務相關資料，所以比較適合上市公司及製造業，較不適用於服務業。

假設中華企業本年度之財務資料如下：（單位：萬元）

總資產 800 流動資產 200

營業收入 400 保留盈餘 200

總負債 500 流動負債 280

稅前息前淨利(40)

該企業發行並流通在外普通股共 40 萬股，每股市價 20 元，則代入 Z-score 模式

X1=(200−280)/800=−0.1

X2=200/800=0.25

X3=(40)/800=−0.05

X4=40×20/500=1.6

X5=400/800=0.5

Z=1.2×(−0.1)+1.4×0.25+3.3×(−0.05)+0.6×1.6+1×0.5=1.525

※ 公式二：Z=1.2×營運資產＋1.4×保留盈餘＋3.3×EBIT+0.6×市價與帳面價值比＋0.99×營業收入，所以營業收入若越高，則 Z 值越高，Edward Altman 又與其他學者改良 Z-score 模型，稱為 ZETA model 使用流動比率，$\dfrac{保留盈餘}{資產}$，ROA，EBT，$\dfrac{股東權益}{資產}$，ROA 標準差，總資產等七項變數，但因申請專利，尚未公布參數，另外還有 KMV 模

型，可以計算違約機率，主要概念是估計公司資產市值小於負債帳面價值的機率，所以須考慮：

1. **資產市值**：為了要預估公司資產未來之市值，須將資產可產生之現金流量予以折現。

2. **資產市值波動性**：以此數來代表公司資產價值之不確定性，目的在衡量公司之營運風險，通常以資產市值之標準差進行衡量。

3. **負債比率**：此比率越高，發生違約的機率越高。

估計完資產價值及資產價值之波動性後，可計算「違約距離」(distance to default ratio, DDR)：

$$DDR = \frac{資產市值 - 負債之帳價值}{資產市值之標準差}$$

Edward 之結論為 Z=2.675 為臨界值，Z 小於 2.675 為有財務危機，Z 越低發生機率越大，但若小於 1.81，可能有破產危機，Z 大於 2.675，表示越高，財務狀況越佳，而中華企業之 Z 值落在 1.525，低於 2.675 之臨界值，表示有財務危機。另外 Z model 用在發生財務危機前一年，準確度高達 95%，用在發生財務危機前兩年，準確度高達 72%，使用超過兩年以上資料，則不適用。當然，此模式僅供參考，仍需分析各種比率及配合其他分析方法，才是財務報表分析的最佳之道。

習題

一、問答題

1. 何謂系統風險？何謂非系統風險？

2. 何謂市場風險？

3. 何謂違約風險？

4. 何謂營業槓桿？公式為何？

5. 何謂財務槓桿？公式為何？

6. 利用歐曼 Z 分數(Altman's Z-score)預測企業破產的公式如下

$$Z = 0.71X_1 + 0.847X_2 + 3.107X_3 + 0.420X_4 + 0.998X_5$$

(1) 請問上式中 X_1 至 X_5 是哪些財務比率？

(2) 如何利用 Z 分數預測企業破產機率的高低？

二、選擇題

( ) 1. 一般而言，風險可以區分為系統風險與非系統風險，其中無法分散的風險係為： (A)系統風險 (B)非系統風險 (C)個股風險 (D)以上皆是。

( ) 2. 一般而言，公債風險不包括下列何者？ (A)信用風險 (B)流動性風險 (C)利率風險 (D)通貨膨脹風險。

( ) 3. 對於各風險來源，如戰爭風險、購買力風險、流動性風險等，何者乃是因通貨膨脹而產生的風險？ (A)戰爭風險 (B)購買力風險 (C)流動性風險 (D)違約風險。

( ) 4. 國外大型塑膠廠發生火災，對國內生產同產品之塑膠類股股價的影響？ (A)上漲 (B)下跌 (C)不受影響 (D)不一定。

( ) 5. 一般而言，未預期的物價大幅上漲報告發布，股價將： (A)上漲 (B)下跌 (C)不一定上漲或下跌 (D)先漲後跌。

（　）　6. 測試一家公司的營業風險，常採用營運槓桿係數，此一係數受哪一變數影響最大？　(A)售價　(B)銷貨數量　(C)固定生產成本　(D)變動生產成本。

（　）　7. 甲公司與乙公司相比較，營業槓桿度比為 2：1，財務槓桿度比為 2：3，則當兩公司銷貨量變動幅度相同時，甲公司每股盈餘變動幅度與乙公司比較將為何？　(A)較高　(B)較小　(C)一樣　(D)無法比較。

（　）　8. 已知綏遠公司銷貨量增加 10%，則營業利益為$200,000，又利息費用$20,000，則其財務槓桿度為何？　(A)2　(B)3　(C)4　(D)1.11。

（　）　9. 在投資期間裡，實際報酬率(Actual Return)與預期報酬平(Expected Return)間差異發生的可能性是為：　(A)運氣　(B)失誤　(C)風險　(D)無法解釋的現象。

（　）10. 國際債券除了一般債券所具有的風險外，還有何風險？　(A)違約風險　(B)再投資風險　(C)匯率風險　(D)利率風險。

（　）11. 下列何者屬於不可分散風險？　(A)非系統風險　(B)公司風險　(C)市場風險　(D)財務風險。

（　）12. 「不要把所有的雞蛋放在同一個籃子裡」的投資策略可以降低何者風險？　(A)利率風險　(B)景氣循環風險　(C)系統風險　(D)非系統風險。

（　）13. 企業在取得資產後，無法在需要賣出時出售或必須大幅降價出售之風險稱為：　(A)企業風險　(B)財務風險　(C)流動性風險　(D)購買力風險。

（　）14. 企業無法支付舉債利息或償還本金之風險稱為：　(A)財務風險　(B)企業風險　(C)下場風險　(D)購買力風險。

（　）15. 公司的負債比率越大，會影響投資著投資該公司發行債券的：　(A)事業風險　(B)違約風險　(C)市場風險　(D)流動性風險。

（　）16. 由於整體市場環境的變化所引發的風險稱之為：　(A)利率風險　(B)公司特有風險　(C)市場風險　(D)非系統風險。

( ) 17. 甲公司債與公債之間的利差，主要是受到何種風險所影響（假設公司債與公債之間的 Duration 相同）？ (A)購買力風險 (B)利率風險 (C)違約風險 (D)再投資風險。

( ) 18. 諺語「不要把所有的雞蛋放在同一籃子裡」主要是說明何種道理？ (A)風險、高報酬之原理 (B)分散風險之原理 (C)投機原理 (D)套利原理。

( ) 19. 在一投資組合中，個別證券而言，其所具有的市場風險是指： (A)系統風險 (B)非系統風險 (C)財務風險 (D)違約風險。

( ) 20. 當市場利率上升時，債券的發行價格會下降，該類風險稱之為： (A)匯率風險 (B)贖回風險 (C)變現風險 (D)利率風險。

( ) 21. 投資人能夠將資產轉移為現金的特性稱為： (A)可分割性 (B)流動性 (C)低風險 (D)報酬。

( ) 22. 下列何者與企業的系統性風險無關？ (A)負債比率 (B)總固定成本與總變動成本比率 (C)產品種類多寡 (D)財務槓桿比率。

( ) 23. 風險愛好者(Risk-Lover)對每增加一單位風險，所要求的新增報酬，則會如何變化？ (A)遞增 (B)遞減 (C)不變 (D)不一定。

( ) 24. 股票的流動性風險與下列何者較有關？ (A)公司的獲利能力 (B)股票的成交量 (C)股票價格的高低 (D)利率。

( ) 25. 股票的報酬率變異係數越小，則其風險： (A)越大 (B)越小 (C)不變 (D)無從得知。

( ) 26. 證券市場中，以風險與報酬的關係而言，一般風險較高的資產此風險較低的資產具有： (A)較高的預期報酬 (B)較低的預期報酬 (C)一樣 (D)無法比較。

( ) 27. 為了規避選時之風險，可採取： (A)不定期定額投資法 (B)單筆投資法 (C)定期定額法 (D)以上皆非。

( ) 28. 財務槓桿越高，則其每股盈餘風險變動： (A)越大 (B)不變 (C)變小 (D)沒有影響。

（　）29. 利率變化所造成的影響，以下敘述何者有誤？　(A)利率上升通常會造成股價的下跌　(B)利率上升時，投資者的必要報酬率會下降　(C)利率上升，投資者會將資金抽離股市　(D)利率上升時，公司的資金成本上升。

（　）30. 在哪一種情況下營業槓桿比率會最高？　(A)固定成本低且每單位變動成本低　(B)固定成本高且每單位變動成本低　(C)固定成本低且每單位變動成本高　(D)固定成本高且每單位變動成本高。

（　）31. 假設甲公司之營運槓桿程度大於乙公司，請問在景氣好轉的情況下，兩公司的獲利能力將會如何？　(A)甲公司＞乙公司　(B)甲公司＜乙公司　(C)甲公司＝乙公司　(D)以上皆非。

（　）32. 已知將星公司 XX 年度附加價值率為 50%，當年度公司產生附加價值 $500,000，又當年度變動成本及費用為 $400,000，該公司當年度固定成本支出 $200,000，則該公司營運槓桿度為何？　(A)1.5　(B)2.5　(C)2　(D)以上皆非。

（　）33. 財務槓桿指數大於 1，表示：　(A)借款增加　(B)舉債經營不利　(C)負債比率超過總資產報酬率　(D)舉債經營有利。

（　）34. 對公司而言，發行下列何種證券較不會有破產的風險？　(A)短期票券　(B)公司債　(C)股票　(D)可轉換公司債。

（　）35. 一般債券的風險有：　(A)信用風險　(B)用流動性風險　(C)利率風險　(D)以上皆是。

（　）36. 公司的信用評等等級越高，表示其違約風險：　(A)越小　(B)越大　(C)無關　(D)無法判斷。

（　）37. 當公司的信用評等等級越高時，表示何種風險越低？　(A)違約風險　(B)利率風險　(C)匯率風險　(D)贖回風險。

（　）38. 下列何者投資商品的風險最小？　(A)期貨　(B)政府公債　(C)股票　(D)選擇權。

（　）39. 按投資人所面臨的風險排列，以下四種金融商品的風險通常何者最高？A.國庫券，B.公司債，C.可轉換公司債，D.普通股 (A)C　(B)A　(C)B　(D)D。

（　）40. 投資者在急需資金的情況下，將手中持有的有價證券拋售會有發生損失的可能性，我們將其稱之為該投資者面臨下列何者風險？　(A)系統風險　(B)變現風險　(C)利率風險　(D)違約風險。

（　）41. 一般而言，報酬與風險之間的關係為：　(A)風險越大，投資者要求報酬越小　(B)風險越大，投資者要求報酬越大　(C)風險越大，投資者要求報酬不變　(D)風險與報酬無關。

（　）42. 下列何者不屬於市場風險？　(A)貨幣供給額的變動　(B)利率的變動　(C)政治情況的變化　(D)某公司宣布裁撤三百名員工。

（　）43. 正常來說，投資人可以藉著多角化投資來降低風險到何種程度？　(A)可以完全消除風險　(B)若多角化程度夠大，則可以完全消除風險　(C)無法完全消除風險　(D)無法降低風險。

（　）44. 影響股價的總體經濟因素，不包括下列何者？　(A)通貨膨脹　(B)利率　(C)經濟成長率　(D)某公司發生火災。

（　）45. 舉債經營有利時，財務槓桿指數會：　(A)大於 1　(B)小於 1　(C)等於 1　(D)無法判斷。

（　）46. 所謂「財務槓桿指數」是指：　(A)負債除以股東權益　(B)股東權益報酬率除以總資產報酬率　(C)股東權益除以負債總額　(D)長、短期借款除以負債總額。

（　）47. 下列何者為真？　(A)債券的存續期間越長，利率風險越高　(B)債券到期期限越短，利率風險越大　(C)債券的票面利率越低，利率風險越低　(D)以上皆非。

（　）48. 周氏公司的財務槓桿比率為 1.2，如果其稅前息前盈餘下降 20%，則其淨利應：　(A)不變　(B)上升或下降皆有可能　(C)下降 20%　(D)下降 24%　(E)上升 24%。

( ) 49. 宏華公司的營運槓桿程度為 2.67 倍,財務槓桿程度為 1.25
倍,則公司總槓桿程度為: (A)2.4 (B)3.0 (C)1.8 (D)33。

( ) 50. 台南公司只生產一種產品,XX 年時共銷售了 56,000 個單位,
每單位售價 10 元,每單位變動成本及費用 6 元,固定營業費
用 80,000 元,當年度利息支出 5,000 元,則其綜合槓桿度為
何? (A)1.61 (B)2.61 (C)3.61 (D)以上皆非。

( ) 51. 亞洲公司 XX1、XX2 年營業利益分別為 $45,000、$55,000,XX1、
XX2 年普通股股數相同,XX2 年利息支出為 5,000,兩年稅率
皆為 25%,試問 XX2 年財務槓桿度為何? (A)1.1 (B)0.9
(C)1 (D)以上皆非。

( ) 52. 投資人能夠將資產轉移為現金的特性稱為: (A)可分割性 (B)
流動性 (C)低風險 (D)報酬。

( ) 53. 一般來說,槓桿程度越高,其風險: (A)越高 (B)越低 (C)
不變 (D)不一定。

( ) 54. 當我們比較規模不同的投資專案時,我們需要一個能將專案規
模予以標準化的統計量來衡量比較風險,此一統計量為: (A)
變異數 (B)變異係數 (C)標準差 (D)貝它係數。

( ) 55. 企業因高度使用負債,可降低何項財務狀況? (A)加權平均資
金成本 (B)稅前息前盈餘應稅數額 (C)稅後每股盈餘 (D)稅
可盈餘應稅數額。

( ) 56. 下列敘述何者為真? (A)公司總風險越高,當銷貨變動一單位
時,對 EPS 的影響越大 (B)債權人所要求之報酬率不會隨著負
債比率的上升而增加 (C)公司的營業風險越高,故其固定成本
亦越高 (D)公司的負債融資程度高低不影響其所須支付的利
率。

( ) 57. 衡量風險時,需考慮到多方面的風險來源,如石油危機、世界
大戰即屬於: (A)企業風險 (B)財務風險 (C)市場風險 (D)
流動性風險。

（　）58. 一般俗稱的債券殖利率是指下列何者？　(A)到期收益率　(B)當期收益率　(C)贖回收益率　(D)資本利得收益率。

（　）59. 購買力風險足以影響資產價值的變動，其風險來源為：　(A)通貨膨脹　(B)消費者信心　(C)景氣榮枯　(D)經濟成長率。

（　）60. 當投資組合之個別證券的種類夠多時，則：　(A)只剩下非系統風險　(B)只剩下系統風險　(C)無任何風險　(D)報酬率越高。

（　）61. 以臺灣而言，一般上市公司股票的變現風險比公司債券：　(A)一樣　(B)無法比較　(C)大　(D)小。

（　）62. 由於物價水準發生變動，所導致報酬發生變動的風險，稱之為：(A)利率風險　(B)購買力風險　(C)違約風險　(D)到期風險。

（　）63. 根據投資組合理論來說，投資組合可消除何種風險？　(A)利率風險　(B)通貨膨脹風險　(C)系統風險　(D)非系統風險。

（　）64. 若 A 表示企業的營業風險；B 表示企業的財務風險；C 表示企業的股票市場風險，則企業的總風險為何？　(A)A＋B＋C (B)A×B×C　(C)A×C　(D)A＋B。

（　）65. 一企業對於固定生產成本投入之程度稱為：　(A)營業槓桿　(B)財務槓桿　(C)邊際產能利用率　(D)固定產能利用率。

（　）66. 當企業的財務槓桿程度增加，其公司債價值會有何變化？　(A)增加　(B)減少　(C)不一定　(D)不變。

（　）67. 遼寧公司 XX 年銷貨量 90,000 單位，價格 10 元，每單位變動成本費用 4 元，固定營業費用 240,000 元，則其營業槓桿度為何？　(A)1.8　(B)2　(C)2.4　(D)以上皆非。

（　）68. 下列何者與系統性風險無關？　(A)通貨膨脹　(B)匯率變動 (C)公共建設支出　(D)公司會計政策改變。

（　）69. 下列何者為投資本國政府債券所會面臨的主要風險？　(A)利率風險　(B)違約風險　(C)到期風險　(D)匯率風險。

（　）70. 下列何者為進行國際投資時面臨之額外風險？　(A)利率風險 (B)匯率風險　(C)景氣變動風險　(D)市場風險。

( ) 71. 北投公司 XX 年銷貨額$800,000，稅後淨利$90,000，變動戚本費用$320,000，固定營業費用$200,000，所得稅率 25%，稅後普通股股利$20,000，利息費用$20,000，則其綜合槓桿度為何？ (A)4 (B)5 (C)4.167 (D)4.3。

( ) 72. 若善大公司的營運槓桿程度為 2.0，銷售量變動 6%，則： (A)淨利變動 12% (B)每股盈餘變動 3% (C)EBIT 變動 3% (D)EBIT 變動 12%。

( ) 73. 台南公司只生產一種產品，XX 年時共銷售了 56,000 個單位，每單位售價 10 元，每單位變動成本及費用 7 元，固定營業費用 80,000 元，當年度利息支出 5,000 元，則其綜合槓桿度為何？ (A)1.61 (B)2.02 (C)3.61 (D)選項(A)、(B)、(C)皆非。

( ) 74. 良善公司平均總資產$200,000、長期投資$10,000、平均利息費用$10,000、淨利$25,000 及特別股股利$5,000，平均股東權益$100,000，稅率 25%，則財務槓桿度為何？ (A)2 (B)1.625 (C)1.33 (D)選項(A)、(B)、(C)皆非。

( ) 75. 亞洲公司 XX1、XX2 年營業利益分別為$45,000、$55,000，XX1、XX2 年普通股股數相同，XX2 年利息支出為$5,000，兩年稅率皆為 25%，試問 XX2 年財務槓桿度為何？ (A)1.1 (B)0.9 (C)1 (D)選項(A)、(B)、(C)皆非。

( ) 76. 在下列何者情況下財務槓桿係數最大？ (A)稅前息前淨利等於利息費用時 (B)銷售數量下降時 (C)訂價提高時 (D)固定成本攤提完成時。

( ) 77. 測度一家公司的財務風險常採用財務槓桿係數，請問此一槓桿係數主要受哪一變數影響？ (A)固定生產成本 (B)銷售訂價及景氣持平 (C)利息費用 (D)資產購置金額。

( ) 78. 財務槓桿越高，則其每股盈餘變動風險： (A)越大 (B)不變 (C)變小 (D)沒有影響。

( ) 79. 美國公司 XX 年度營業利益變動 10%，其營業槓桿度 1.6，財務槓桿度 2.5，則其每股盈餘變動多少？ (A)25% (B)16% (C)40% (D)無法判斷。

（ 　）80. 在臺灣高速鐵路的諸多特色中，不包括下列何者？ 　(A)營業槓桿程度低 　(B)財務槓桿程度高 　(C)專案融資 　(D)採 BOT 制度。

（ 　）81. 呷好便當每份$60，老闆估計每月要花費$60,000，支付廚師與店面租金等固定費用，每盒便當的變動成本約為$40，上個月呷好便當盈餘為$20,000，請問其每個月要出售多少個便當才能損益兩平？ 　(A)2,000 盒 　(B)3,000 盒 　(C)5,600 盒 (D)2,143 盒。

（ 　）82. 企業因舉債過多而無法支應還本付息的固定支出，所發生經營困難之風險，稱為： 　(A)商業風險 　(B)財務槓桿風險 　(C)營業槓桿風險 　(D)選項(A)、(B)、(C)皆是。

（ 　）83. 營業槓桿、財務槓桿及每股盈餘的關係，何者為是？ 　(A)營業槓桿越高，盈餘風險越高 　(B)營業槓桿越高，每股盈餘風險越高 　(C)財務槓桿越高，其盈餘不一定越高 　(D)選項(A)、(B)、(C)所述皆正確。

（ 　）84. 財務槓桿越高，則其每股盈餘風險變動： 　(A)越大 　(B)不變 (C)變小 　(D)沒有影響。

（ 　）85. 銘傳公司今年之損益表如下：

1/1～12/31，今年	（百萬元）
銷售金額	$1,000
銷貨成本	(400)
銷管費用	(100)
折舊費用	(200)
所得稅及利息前純益	$300
利息費用	(100)
所得稅	(50)
淨利	$150

如果銘傳公司之銷貨成本為變動，銷管費用及折舊費用為固定，下列敘述何者為真？ 　(A)其今年底的「營運槓桿程度」(DOL)為 1.5 　(B)其今年底的「財務槓桿程度」(DFL)為 2.0 　(C)其今年底的「總槓桿程度」(DTL)為 3.0。

（　）86.「四兩撥千斤」可用來詮釋下列何種觀念？　(A)分散風險　(B)財務槓桿　(C)規避風險　(D)投機。

（　）87.在正常情況、其他條件不變下，下列何者最正確？　(A)財務槓桿越高，則現金流入越大、營運越穩健　(B)固定成本越高，則財務槓桿隨之升高　(C)單位變動成本越高,則財務槓桿隨之升高　(D)利息費用越高，則財務槓桿隨之升高。

1. 財務管理，謝劍平著，智勝出版。

2. 財務報表分析，盧文隆編著，華立出版。

3. 財務報表分析評價應用，再版，郭敏華著，智勝出版。

4. 財務報表分析，王元章、張眾卓著，新陸書局出版

5. 識破財務騙局的第一本書，霍爾・薛利著，陳儀譯，Mc Graw Hill 出版。

6. 掌握財報診斷，游麗珠著，宏典文化。

7. 操盤人教你看財務報表，劉心陽著，智富。

8. 活用財務分析創造競爭優勢，余通權編著，聯輔中心。

9. 會計學，王坤龍編著，曹淑琳編審，普林斯頓。

10. 財報就像一本故事書，劉順仁著，時報。

MEMO

FINANCIAL STATEMENT ANALYSIS

MEMO

FINANCIAL STATEMENT ANALYSIS

MEMO
FINANCIAL STATEMENT ANALYSIS

MEMO

FINANCIAL STATEMENT ANALYSIS

國家圖書館出版品預行編目資料

財務報表分析/曹淑琳編著. -- 五版. -- 新北市：
新文京開發出版股份有限公司, 2024.06
　　　面；　　公分

　　ISBN　978-626-392-015-6（平裝）

　　1.CST：財務報表　2.CST：財務分析

　　495.47　　　　　　　　　　　113005625

財務報表分析（第五版）　　　　　（書號：H156e5）

編　著　者	曹淑琳
出　版　者	新文京開發出版股份有限公司
地　　　址	新北市中和區中山路二段 362 號 9 樓
電　　　話	(02) 2244-8188（代表號）
F　A　X	(02) 2244-8189
郵　　　撥	1958730-2
初　　　版	西元 2008 年 05 月 20 日
二　　　版	西元 2010 年 06 月 30 日
三　　　版	西元 2014 年 08 月 15 日
四　　　版	西元 2019 年 01 月 01 日
五　　　版	西元 2024 年 06 月 01 日

New Wun Ching Developmental Publishing Co., Ltd.

New Age · New Choice · The Best Selected Educational Publications — NEW WCDP

新文京開發出版股份有限公司

NEW WCDP

新世紀‧新視野‧新文京 ─ 精選教科書‧考試用書‧專業參考書